清爽的风

柔柔地吹过港湾

港湾在宁静的月光下荡漾

河岸绿树的枝叶

还有花朵、小草

都闪亮着晶莹的露珠

像睁开的眼睛 把世界瞭望

鸟儿飞过苍穹 划出银色的孤线

停泊在港湾的船儿出发了

朝着太阳升起的方向远航

那里是诗歌的故乡

那里是梦想的天堂

——谭仲池《晶莹的露珠》

家风

离不开的心灵雨露

谭仲池——主编

岳麓書社·长沙

图书在版编目（CIP）数据

家风：离不开的心灵雨露 / 谭仲池主编. -- 长沙：岳麓书社, 2023. 12（2024.4重印）
ISBN 978-7-5538-1968-6

Ⅰ. ①家… Ⅱ. ①谭… Ⅲ. ①家庭道德—中国 Ⅳ. ①B823. 1

中国国家版本馆CIP数据核字（2023）第217439号

JIAFENG:LI BU KAI DE XINLING YULU

家风：离不开的心灵雨露

谭仲池 主编

出 版 人 | 崔 灿
出版统筹 | 马美著
责任编辑 | 周家琛 周 艳
责任校对 | 舒 舍
营销编辑 | 谢一帆 唐 睿 向媛媛
书籍设计 | 罗志义

岳麓书社出版发行
地址 | 长沙市岳麓区爱民路47号
承印 | 湖南省众鑫印务有限公司

开本 | 880mm × 1230mm 1/32 印张 | 12.25 字数 | 220千字
版次 | 2023年12月第1版 印次 | 2024年4月第2次印刷
书号 | ISBN 978-7-5538-1968-6
定价 | 78.00元

如有印装质量问题，请与本社印务部联系
电话 | 0731-88884129

序

传承好家风

谭仲池

整个家庭的幸福，在于每个家庭成员都能找到自己的人生目标，走好自己的路，从而获得自己的幸福。而共同拥有的“家珍”就是传承好家风。

——题　记

家风，是中华优秀传统文化的一条生生不息的血脉，是滋润孩子成长的晶莹雨露，是每个家庭应代代守护的传家宝，也是古今文明在家庭、家族和民族大家庭的传承和延续。

习近平总书记在2015年春节团拜会上谆谆叮嘱我们：“不论

时代发生多大变化，不论生活格局发生多大变化，我们都要重视家庭建设，注重家庭、注重家教、注重家风，紧密结合培育和弘扬社会主义核心价值观，发扬光大中华民族传统家庭美德，促进家庭和睦，促进亲人相亲相爱，促进下一代健康成长，促进老年人老有所养，使千千万万个家庭成为国家发展、民族进步、社会和谐的重要基点。”

迈步新征程，放眼新时代，我们每个家庭成员都要铭记习近平总书记的教诲，赓续流淌在骨髓和心灵深处的精神血脉，洞悉家风文化滋养少年儿童的独特作用，接续好家风这个传家宝，自觉地担当传承良好家风的重大责任。

在中国历史上，周公作《嘉禾》答谢成王，文中提出的“敬德保民，家和天下”的家国情怀，其实就是周公的家训。周朝存续约800年，需从周公家族的家风传承中去寻找原因。

朱子在《小学原序》中提出儿童教育要“习与智长，化与心成”。又说：“天命，非所以教小儿。教小儿，只说个义理大概，只眼前事。或以洒扫应对之类作段子，亦可。”就是强调培养少年儿童的道德行为习惯必须切合其心理特征，从简至繁，从眼前事做起，从生活中的日常事务入手，如起居、衣服冠履、语言步趋、洒扫应对、读书写字等开始，进而渐悟爱亲敬长、知书达理、修身养性、明白“做人底样子”。由此可知，对儿童进行良好家风的教育，是引导少年儿童养成良好的品德、形成良好的生活习惯、融入良好社会风尚的必经之路。让少年儿童一开始迈入人生旅途就学有目标，做有方向，效有楷模，笃行不怠。

具体说，传承好家风，我认为要从以下三个方面着手：

好家风润心启智，培根铸魂。“要让中华民族文化基因在广大青少年心中生根发芽。”明儒陈选曾言：“圣人之道，人伦而已矣，学之必自‘小学’始……其教在于明伦，其要在于敬身，盖作圣人之基也。”只有把中华优秀传统文化中的家教思想、家训内涵、家风理念以及家道精髓，通过家庭学校第一任老师父母的言传身教、近距离示范，上好家风第一课，才可能用家风润心启智、陶冶性情、规范礼仪、善待他人、知事明理、塑造人格、养元固本、培根铸魂。使孩子从小就有良好的心理素质、道德行为习惯，怀有敬德报恩之心。

好家风立志守正，涵养情怀。习近平总书记指出：“要在家庭中培育和践行社会主义核心价值观，引导家庭成员特别是下一代热爱党、热爱祖国、热爱人民，热爱中华民族。”这就是家风的根本和灵魂。作为第一任老师的家长，必须要注重把培育和践行社会主义核心价值观作为摆在传承良好家风的头等位置，并与涵养爱党爱国爱人民爱民族、立志守正报效祖国的家国情怀与建设良好社会风气相融合，为中华民族伟大复兴提供强大的国家力量与精神支撑。家风正则世风正，世风正则国运兴。这种立志守正、对事业敢于担当的忠党爱国的情怀应是家风理念的核心，实际上也是着眼引导少年儿童正确认识人与我、言与行、家与国的关系，让自己从小就浸润尊老爱幼、母慈子孝、兄友弟恭、耕读传家、勤俭持家、遵纪守法、家和业兴的中华传统家庭美德的清风雨露，并由无数个体汇入社会进步的文明潮流，形成与时代同步共振的良好社会风气和道德风尚。

好家风切己修身，薪火相传。古人强调大人之学，重在格物、致知、诚意、正心、修身、齐家、治国、平天下。就是告诉人们，“凡人须以圣人为己任”来切己修身，使良好家风薪火相传。清代名臣林则徐留给后辈的家训是：“子孙若如我，留钱做什么？贤而多财，则损其志；子孙不如我，留钱做什么？愚而多财，益增其过。”作为家长切己躬身十分重要。在当下尤其需要用自己的言行，校正社会上各种不良风气对孩子的污染侵蚀，同时也从应试教育只重视知识灌输，而轻视道德人格培养的误区中突围出来。父母作为孩子的第一任老师，其实自己就是良好家风的化身。不可设想，一个家风不正的家长，能做好孩子的良师，上好孩子的第一堂人生课程。因此，用良好家风严己修身，是家风教育中，“事”“理”融合、知行统一的必然要求。孩子的父母只有恒于学习，敏于思考，严于律己，认识世界，面对现实，用正确的言谈举止、行动礼仪影响孩子，为孩子提供一面镜子，搭建一个台阶，送上一把尺子，系好第一粒扣子，才能真正润物细无声地让自己的孩子成为对国家和民族有担当、有作为的人，成为一个忠党爱国爱人民的人，成为一个正直诚信知恩图报的人。

在新的历史起点上，要传承创新好家风，必须坚持以习近平新时代中国特色社会主义思想为指导，传承中华优秀传统文化，赓续历史文脉，把家风建设纳入中华民族现代文明建设的总体架构，增强实现中华民族伟大复兴的精神力量。概而言之，好家风的鲜明特点是：牢固树立正确的家庭观、国家观、民族观，与爱国、爱民族统一起来；进一步倡导忠党报国，坚定跟党走，维护民族大团结，把实现个人梦、家庭梦、国家梦与民族梦融合起来；精诚践行社会主义核心价值观，把建设文明家庭、和家、育人、创业与弘扬传统美德，促进人民精神生活共同富裕，社会和谐安定，国家长治久安结合起来。

实现中华民族伟大复兴的中国梦，期待着一代代新人茁壮成长，伟大中华民族要立于世界民族之林，更需要建设中华民族现代文明。家风作为中华优秀传统文化的一条血脉，在新时代各族人民团结奋斗，创造无限奇迹的波澜壮阔的航道上，必将涌动旺盛的活力，发出声响，放射光芒！

目录

第一编 家风：中华文化的一条血脉

第二编 中华传统好家风集萃

第三编 传承笃行好家风

传承好家风

第一编

家风：

中华文化的一条血脉

习近平总书记2016年12月会见第一届全国文明家庭代表时的讲话中指出："中华民族历来重视家庭。正所谓'天下之本在家'。尊老爱幼、妻贤夫安，母慈子孝、兄友弟恭，耕读传家、勤俭持家，知书达礼、遵纪守法，家和万事兴等中华民族传统家庭美德，铭记在中国人的心灵中，融入中国人的血脉中，是支撑中华民族生生不息、薪火相传的重要精神力量，是家庭文明建设的宝贵精神财富。"[1]家风是中华民族传统家庭美德，是中华优秀传统文化的重要组成部分，是中国人一条源源不断的血脉，是滋润孩子成长的晶莹雨露，是每个家庭应代代守护的传家宝，也是古今文明在家庭、家族和民族大家庭的传承和延续，是形成家国情怀的逻辑起点。家风对孩子成长、家庭和谐、社会文明和时代发展有着极其重要的作用。

[1]中共中央党史和文献研究院编：《习近平关于注重家庭家教家风建设论述摘编》，中央文献出版社，2021年3月第1版，第10页。

第一节　家风是家庭延续的产物

家庭是以婚姻和血统关系为基础的社会单位，包括父母、子女和其他共同生活的亲属在内。家庭是每个人精神成长的沃土，是书写家书、制定家规、讲述家训、养成家教、诠释家道的初生之地，从而形成系统的世代相传家风文化。因此，家庭是家风诞生的产房，是家风形成的摇篮。我们要注重家庭、注重家教、注重家风建设，给孩子健康成长提供营养之奶、补足精神之钙。

家庭是家风诞生的产房，是家风形成的摇篮。我们要注重家庭、注重家教、注重家风建设，给孩子健康成长提供营养之奶、补足精神之钙。

一、家庭是最初的学校

习近平总书记强调："家庭是人生的第一所学校，家长是孩子的第一任老师，要给孩子讲好'人生第一课'，帮助扣好人生第一粒扣子。"[1]学校是专门进行教育的机构。将家庭比作人生最初的学校，是指家庭具有特定的教育功能，长辈应该承担家庭教育的责任。父母是这所学校里的第一任老师，家风是开设的最早的课程，是孩子学习成长的雨露，是社会文明进步的起点。

（一）成长在家庭立志。孔子是春秋末期我国著名的思想家、政治家、教育家，儒家学派的创始人。他三岁的时候父亲就去世了，家里十分贫困，长大几岁以后母亲就不得不让他干各种活来养家糊口。他曾经当过牧童，替人看守过粮仓，也当过给人家办丧事的吹鼓手。他说自己十五岁的时候就确立了求学的宏伟志向，他希望通过努力学习来增长自己的学识和才干，探寻治国平天下的办法，他甚至幻想社会有朝一日能实现天下为公的大同世界。他为实现自己的主张和宏伟志向，从小就一边干活，一边坚持学习各种本领。在众多古籍中，他特别喜欢《周易》。他花

[1]中共中央党史和文献研究院编：《习近平关于注重家庭家教家风建设论述摘编》，中央文献出版社，2021年3月第1版，第69页。

了很大的精力，把《周易》通读了一遍又一遍，边读边想，每次都有不少新的心得和收获。由于他读《周易》的遍数太多，以致把穿在竹简上的牛皮带都磨断了多次，是谓“韦编三绝”。这个成语充分地说明了孔子读书的坚定志向和勤学精神，十五志于学就是后世学习的典范。孔子创立的儒家思想学说对中华文化影响很大，对东方乃至整个世界的文化也产生了深远的影响。孔子也被西方列为世界有史以来十大思想家之首。

孔子的弟子及再传弟子将他及其弟子的言行记录下来编成语录文集《论语》，较为集中地体现了孔子及儒家学派的政治主张、伦理思想、道德观念、教育原则等，其中有大量的论述后来被家庭教育视为言行遵循和道德指引。如孔子教育儿子孔鲤“不学诗，无以言；不学礼，无以立”。如“学而不思则罔，思而不学则殆”“三人行，必有我师焉”等被当作家庭教育的圭臬，受到历代士大夫的尊崇。“穷则独善其身，达则兼济天下”，意思是小到洁身自好、解决个人前途、改变家庭面貌，大到光宗耀祖、心忧天下、造福于民。孔子的故事告诉我们：志向从小而立，成长从家开始，想要让志向变成现实，必须勤学苦练，不断成长。

（二）成才受环境影响。孟子是儒家另一位重要的代表人物。他三岁的时候父亲就去世了，母亲为了将他抚育成人费尽心血。孟家本来毗邻坟场，他与小伙伴便经常学习做祭祀哭丧的游戏。孟母担心他荒废学业，便把家搬到了一个街市附近。可他又成天嬉笑于市井之间，模仿商贾的买卖交易。孟母不愿意他沾染市侩气息，因此不顾孤儿寡母搬家的辛苦，又把家搬到了一个学馆旁边。在这里，孟子整日听到的是琅琅书声，耳濡目染，渐渐地对读书产生了兴趣，举手投足也变得很有礼貌了。这就是“孟母三迁”的故事。它告诉我们，孩子的性格形成、习惯养成与其生活的环境有很大的关系，所谓“近朱者赤，近墨者黑”就是这个道理。

孟母还有个故事叫“断杼教子”。孟子入学之初，玩心不改，学习马马虎虎，心不在焉，而孟母对他的要求十分严格，希望他将来能成为有用之才。一日，孟子偷懒逃学回家看母亲织布，孟母就问他：“今天的学习怎么样了?”他满不在乎地说：“还是那个样子，跟往日差不多，学不学都一样。”孟母一听，非常痛心，“啪”的一声，气得把织布机上的梭子摔到地上折断了，严厉地训诫孟子：“你不能认真有恒心地学习，就像这梭子一样，梭子断了就不能织布了，前面的努力也就白费了，半途而废是不可能成为有用的人的。”母亲断杼这件事对孟子震动

〔清〕 康涛 《孟母教子图》（局部）

很大，从此他铭记母亲的教诲，一改以往的懒散作风，刻苦求学，孜孜不倦。后来终于不负母亲所望，成为闻名天下的一代儒学大师，这是同他母亲的教育分不开的。

家庭是社会的基本细胞，家庭成员构成一个小社会，不同性别、不同年龄、不同性格、不同爱好的人因为姻缘、血缘、亲缘关系而聚集在一起，必然受家庭环境的影响。“将门无犬子，官家无白丁。”一些音乐、绘画行业的艺术世家，对孩子成长就有客观、天然的影响。家里摆着钢琴，经常传出悠扬的琴声，孩子耳濡目染，对音乐自然会产生兴趣。父母的职业、爱好是教育孩子无声的语言。这些都说明家庭环境对孩子的影响是很大的。

家里摆着钢琴，经常传出悠扬的琴声，孩子耳濡目染，对音乐自然会产生兴趣。父母的职业、爱好是教育孩子无声的语言。

（三）成功必肩负使命。西汉史学家、思想家司马谈曾任太史令、太史公，学问广博，所著《论六家之要指》批评了儒、墨、名、法和阴阳五家，对汉初以来盛行不衰的黄老之学进行了全面的学术总结。司马谈临终时曾作《命子迁》，是写给儿子司马迁的遗嘱，希望儿子继承自己未竟的事业，继续撰写史书。司马迁后来不负父命，即使受腐刑仍发愤著书，最终写出被誉为“史家之绝唱，无韵之离骚”的《史记》，成为中国历史上最著名的史学家。

无独有偶，东汉时期也有一个著名的史学家族。父亲班彪、儿子班固、女儿班昭都是著名的史学家。班固23岁时，在父亲死后回到乡下，以父所撰《史记后传》叙事未详，于是潜心继续撰述力求精善。汉明帝永平五年（62），他被人诬告私修国史而下狱。其弟班超为他辩明冤屈，出狱后班固被任命为兰台令史，奉命撰述东汉开国以来史事，与陈宗等共同撰成《世祖本纪》。班固认为《史记》以汉朝“编于百王之末，厕于秦、项之列”不妥，决心撰写起自汉高祖、终于王莽共230年事迹的《汉书》。班固历时25年，初步完成《汉书》的撰著，实现了父子两代人的心愿。班昭在其兄班固去世之后，继承他的遗志，编纂未完成的《汉书》“八表”等，使该书终得以面世。汉安帝永初四年（110）10月，班昭始作《女诫》，是以训谕的方式撰写的一篇教导班家女性立身处世的私书，被誉为“中国女训之祖”，是东汉以来女子教育的启蒙读物。

司马家和班家有一个共同点，即为国修史虽万难而在所不辞。这既是父辈对子女精心安排的谋生职业，更是人生肩负的家族使命。家庭共同使命激励家庭成员为之奋斗，家风在互相影响中得到传承和发扬。

二、父母是第一任老师

家庭这个小社会对孩子影响最大的是父亲、母亲、祖父、祖母、外祖父、外祖母，以及兄弟姐妹，此外邻居和伯叔、姑妈、舅舅、姨妈等其他亲戚，也会给孩子带来或多或少的影响。在家庭这所学校里，在家风这个课堂上，与孩子有着天然血缘关系的父母，是孩子人生的第一任老师。父母是孩子身体生养、品德修养、能力培养的启蒙者和见证者。

在家庭这所学校里，在家风这个课堂上，与孩子有着天然血缘关系的父母，是孩子人生的第一任老师。

（一）生养孩子的身体。“古者，圣王有胎教之法：怀子三月，出居别宫，目不斜视，耳不妄听，音声滋味，以礼节之。书之玉版，藏诸金匮。”在古代，贤明的君主有胎教的方法，即到王后怀孕三个月的时候，就要让她搬到侧室去，不让她看到不该看的东西，不让她听到不该听的东西。她平时听的音乐，她的日常饮食，都要依礼制来安排。这种胎教的方法，都被君王记录在玉版上，珍藏在金柜里。在今天来看，人们也应当注重早期教育，也可以做到类似的胎教。

从生理学和心理学的角度来看，父母同孩子有着血缘关系，生理信息同频共振，关系最是亲近。随着孩子逐渐长大懂事，父母日常生活的点点滴滴，乃至所有行为对孩子都有影响。同样，从牙牙学语到蹒跚学步，孩子的点滴进步，也都是父母希望见证和格外关注的。在教会孩子说话和走路的过程中，父母总是以无尽的爱心和耐心，给予他们无微不至的鼓励和帮助。就像母兽教会小兽生存技能，这是动物的一种天性和本能，从自然法则上来讲，父母对孩子负有天然的教育责任。人类是一种社会性的动物，相比一般动物而言，更应该义无反顾地担负起监护、教育和管理孩子的社会责任。如果说孩子是上帝的财产，那么交给父母的就是代管权和经营权。孩子是祖国的花朵，父母就是园丁，必须对幼苗的成长倍加呵护；孩子是世界的未来，父母就是蒙师，

孩子是祖国的花朵，父母就是园丁，必须对幼苗的成长倍加呵护；孩子是世界的未来，父母就是蒙师，掌握着开启孩子心智成长的金钥匙。

掌握着开启孩子心智成长的金钥匙。

在一个人的婴幼儿、儿童、少年、青年时期，父母的引导非常重要，对于确定正确的世界观、人生观、价值观大有裨益。实际上，在父母的眼中，不管孩子长多大，永远都是自己的孩子。因此，在人生成长的每一个阶段，父母都应该成为孩子最好的榜样，给予孩子必要的关心、指导和帮助，使其成长为对社会有用的人才。

因此，无论从责任心还是影响力的角度来看，父母都理所当然是孩子的第一任老师。但这个老师要教给孩子的并非只是语文、数学之类的基础知识，也不是繁复的、系统的科学知识，而是孩子成长需要的生活常识和人生道理，是一种对待人生的心理态度和方式方法。

（二）修养孩子的品德。习近平总书记指出："孩子们从牙牙学语起就开始接受家教，有什么样的家教，就有什么样的人。家庭教育涉及很多方面，但最重要的是品德教育，是如何做人的教育。”他还说：“我从小就看我妈妈给我买的小人书《岳飞传》，有十几本，其中一本就是讲‘岳母刺字’，精忠报国在我脑海中留下的印象很深。作为父母和家长，应该把美好的道德观念从小就传递给孩子，引导他们有做人的气节和骨气，帮助他们形成美好心灵，促使他们健康成长，长大后成为对国家和人民有用的人。”[1]父母榜样的力量是无穷的，父母的形象在孩子心目中会起到潜移默化的作用。古今中外凡成大事者，皆与父母的悉心培养教育分不开，与良好的家风家教熏陶分不开。

父母榜样的力量是无穷的，父母的形象在孩子心目中会起到潜移默化的作用。古今中外凡成大事者，皆与父母的悉心培养教育分不开，与良好的家风家教熏陶分不开。

《习仲勋传》有这样的记述：一次，习近平的母亲齐心对孩子们说：“家中的小事

[1]中共中央党史和文献研究院编：《习近平关于注重家庭家教家风建设论述摘编》，中央文献出版社，2021年3月第1版，第18页。

不能影响工作。”他们的父亲习仲勋听到后却严厉地说：“大事也不能影响工作！”国事大过天！在习仲勋眼里，家里的大事、小事都要为这件事让路。正因为父亲的言传身教，习近平将工作看得重如泰山。即使是父亲88岁大寿，中国人很重视的“米寿”，时任福建省省长的习近平也因工作未能回家为父亲祝寿，而是给父亲写了一封信。信中习近平提到希望从父亲这里继承和吸取的高尚品质：一是学父亲做人，二是学父亲做事，三是学父亲对信仰的执着追求，四是学父亲的赤子情怀，五是学父亲的俭朴生活。习近平在信中说：“这是一个堪称楷模的老布尔什维克和共产党人的家风。这样的好家风应世代相传。”[1]

离家或许是必然选择，但在五千年的中华血脉里，“小家”同“大家”从来都同源同根。正如母亲齐心对习近平所说的，“关键还不在于你来不来，只要你把工作做好了，就是对爸爸妈妈最大的孝心”。从孝亲敬老、兴家乐业的义务走向报国济民、匡扶社稷的担当，何尝不是一种人间至孝？

中华民族自古以来就十分重视家规、家训、家教、家道的培养教育。传统蒙学精粹《三字经》《千字文》《弟子规》等都有

[1]《习氏家风：国事大过天》，《科教新报》，2018年2月28日。

许多感人故事和至理名言。如《三字经》：“融四岁，能让梨。弟于长，宜先知。”意思是孔融四岁的时候，有一天吃梨，他挑了一个最小的。别人问他为什么这样做，他说要把大的梨让给哥哥吃。尊敬兄长、兄弟之间要互相友爱，是我们每个人从小就应该知道的做人道理，好的品德是从小就应该培养的。再如《千字文》：“推位让国，有虞陶唐。吊民伐罪，周发殷汤。”讲的是贤明的上古君王尧和舜，无私地把帝位让给德才兼备的人。商汤率军讨伐残暴的夏桀，而周武王又率军讨伐残暴的商纣王。在中华传统文化中，美德传为千古佳话，暴行则会招致正义的惩罚。这些故事和名言都对孩子品德养成具有启蒙教育的作用。

（三）培养孩子的能力。父母作为最先和孩子密切接触的人，在职业教师对孩子施教之前，就已经教给孩子很多东西了，在走向学校之前，是父母激发孩子的求知欲望。

父母是孩子能力学习和水平提升的第一任老师。

《孔融让梨》

从时间上来说，父母是孩子能力学习和水平提升的第一任老师，是满怀爱意且不求回报的自愿付出者。

曾经看过一则报道：美国多数家庭在孩子一岁半时即开始让他们单独上厕所。这是对孩子独立生活能力的一种培训。孩子需要的能力是多方面的，父母要一项一项地教给他，如自己穿衣穿鞋、漱口洗脸的生活能力，朗读课文、书写词句的学习能力，待人接物、为人处世的社交能力，这些都要靠平时养成教育。

清代著名政治家、文学家、民族英雄林则徐曾写对联表达自己的教育思想："子孙若如我，留钱做什么？贤而多财，则损其志；子孙不如我，留钱做什么？愚而多财，益增其过。"意思是说，如果子孙后代像他这么廉洁、聪慧，他把钱留给子孙反而损害了子孙的斗志；如果子孙不如他，留钱给子孙反而助长子孙好逸恶劳，留的钱越多越是增加其过错。

清代中兴名臣、近代史上的著名人物曾国藩，被誉为"传统中国的最后一尊精神偶像"，他上承祖父曾玉屏"书蔬鱼猪、早扫考宝"和父亲曾麟书"家风半耕半读"等家规家训，进而凝练出自己教育子女的思想，留给后人很多可以借鉴的内容。勤奋、俭朴、求学、务实的家训家风一直为曾家后人所传承。曾国藩坚持给子女写信，为他们批改诗文，探讨学业和生活中的种种问题。他写信给儿子曾纪泽，要他每天起床后，衣服要穿戴整齐，先向伯叔问安，然后把所有房子打扫一遍再坐下来读书，每天要练1000个字。曾国藩还敦促家人每日坚持学习，并多次为全家拟订严格的学习计划：“吾家男子于看、读、写、作四字缺一不可。女子于衣、食、粗（工）、细（工）四字缺一不可。”曾家良好的家风惠及后人，曾国藩有三子五女，大多有出息。如次子曾纪泽是清代“学贯中西”的外交家，三子曾纪鸿是近代著名的数学家，侄孙女曾宪植嫁给开国元帅叶剑英，侄孙曾广植是我国味道化学理论创始人之一。据记载，在曾氏家族200多年的八代人中，一共出了240多位杰出人物。

三、家风是最早的课程

《朱子全书·学六》：“宽着期限，紧着课程。”课程即功课的进程，广义的课程是指学校中学习活动的范围和进程；狭义的课程指某一门学科。说家风是一种课程，而且是最早的课程，是因为将家庭比作最初的学校、父母比作第一任老师，家庭成员最早要学习和传承的就是家风。家风具有稳定性、时代性、多样性、传承性等特点。

（一）家风相对稳定。“家风”一词最早见于西晋，西晋史学家华峤《华峤书》有“能守家风，为世所贵”的话。西晋文学家潘岳的好友夏侯湛将《诗经》中有目无文的六篇“笙诗”补缀以成《周诗》并给他看。潘岳看后认为：这些诗篇不仅温文尔雅，而且可以看到孝悌的本性，因此写下《家风诗》，自述家族风尚。北周文学家庾信《哀江南赋·序》写道：“潘岳之文采，始述家风；陆机之辞赋，先陈世德。”南宋文学家、史学家、爱国诗人陆游《书感》诗云：“烟蓑雪笠家风在，送老湖边一钓矶。”南宋另一位文学家、豪放派词人、爱国将领辛弃疾《水调歌头·题永丰杨少游提点一枝堂》词中也提及：“一葛一裘经岁，一钵一瓶终日，老子旧家风。”以上诗词中提到的家风，即家庭风气，又称门风，指一种由父母或祖辈提倡并能身体力行和言传身教，用以约束和规范家庭成员的风尚和作风。家风

家风，即家庭风气，又称门风，指一种由父母或祖辈提倡并能身体力行和言传身教，用以约束和规范家庭成员的风尚和作风。

是一个家庭长期培育形成的一种传统文化和道德氛围，它包括家书、家规、家训、家教、家道等内容，是家庭伦理和家庭美德的集中体现。家风作为一种精神产品，有一种强大的感染力，它既能从思想道德上约束家庭成员，又能督促他们在文明、和谐、健康、向上的氛围中不断发展。

“家风是一个家庭在日常生活中逐步形成的较为稳定的生活作风、行为习惯、情趣教养和为人处世之道等等。”传统家风具有相对稳定性，既能保留其稳定的内涵，又能因时而变，就是发挥家风在促进人的全面发展方面的作用。“家风的稳定性意味着家风不会随意受外界环境的影响而发生变化，它总是相对稳定地对生活在其中的家庭成员发挥作用。家风体现的是整个家族或家庭的价值取向，一旦形成，就会成为教化家庭成员的资源，体现对家庭伦理道德的思考与追求，时时刻刻以家教、家书等形式对家庭成员产生影响，家庭成员通过耳濡目染获得精神气质，规范家庭成员的行为，调整家庭成员不断实现教育和自我教育。”[1]

（二）家风与时俱进。家风是伴随着家庭生活逐步形成的，它的形成与家庭所处的时代密不可分，家风往往能够反映一个时

[1]《社会主义核心价值观引领当代家风培育研究》，人民网，2020年6月28日。

代的发展面貌。“家庭的性质、职能、形式、结构以及与它相联系的道德观念，都随生产方式的变革而不同。在阶级社会里，不同阶级的家庭关系也各不相同。男性支配女性，是生产资料私有制社会家庭关系的特点。在社会主义制度下，家庭关系以夫妻在家庭中地位平等，夫妻有互爱互敬、互相帮助、互相扶养与养老育幼的义务为显著特点。”[1]由于社会在发展、时代在进步，不同的家庭关系产生的家风也会随着时代变迁而发生相应的变化。“每个时代都有每个时代需要解决的问题，每一代人总有每一代人面临的问题，不同时代的人面临的问题不一样，在教育子女方面会有所差别，家风的发展离不开代代传承，也离不开它所处的每一个时代。随着历史的嬗变，传统家风必将被现代家风所取代，现代家风是在传承传统家风基础贴合时代发展要求，融入新的时代元素，是对传统家风新诠释的基础上逐步形成的，蕴含着丰富的时代特征。”[2]对于传统家风，要辩证地分析其在现代社会中的作用，取其精华，去其糟粕，保留传统家风中符合时代发展要求的内容，摒弃不符合时代发展要求的内容，同时要为家风

[1]《辞海》编辑委员会编：《辞海》，上海辞书出版社，1990年12月第1版，第1152页。
[2]《社会主义核心价值观引领当代家风培育研究》，人民网，2020年6月28日。

传承注入新的时代内涵，要做到与时俱进。

当前，随着时代前进和社会发展，家庭的组织结构发生了变化，两代人的核心家庭逐渐取代多代人同堂的大家庭，家庭结构呈现小型化趋势。但是，家庭作为社会的细胞和最基本社会组织的地位与作用并没有改变，这使家风建设的重任更直接落在了每个现代家庭中，年轻父母要承担更多责任，不能当“甩手掌柜”，不能将教育子女的任务全部交给上一辈，而是要齐心协力。家风教育内容要实时更新，形式要常抓常新。

在中国特色社会主义新时代，国家倡导“富强、民主、文明、和谐，自由、平等、公正、法治，爱国、敬业、诚信、友善”的社会主义核心价值观，我们每个小家庭更应传承好“家和万事兴”的传统美德，践行尊老爱幼的社会风尚，努力建设优良的家风，使千千万万户家风汇聚成国家风范，国家风范也反过来指导着家风建设，惠及个人、家庭、国家。

（三）家风丰富多样。家风具有多样性特征，表现在三个方面：一是家风内容的丰富性。家风不仅仅局限在个人的修身养心、邻里交往中，而且还包括生产、嫁娶、个人生活等方面，是家庭伦理道德的集中体现，从不同角度对家庭成员生活的方方面面进行着约束和教化。二是家风来源的差异性。由于每个家庭的家学传承、文化背景、社会地位不一样，其家风来源便会有所不同。因此，家风便能体现出一个家庭不同于另一个家庭的气质和风气，而且自然有好坏之分。三是家风传承的复杂性。家风是家庭成员共同遵守的行为规范，但由于个体的差异性较大，所受的教育程度不同，对接受和传递家风的理解也会因人而异。尽管如此，家庭成员应时刻以家风为据，涵养自身品格，完善人格魅力，立足社会，面向未来。

（四）家风代代相传。家风形成后往往由家庭成员代代相承，在这种代代相承中，家风得到发展。“家风的传承体现了家风对家庭成员成长的影响，每一个生活在家庭的个体，都是在家风的规范和约束下生活，这种规范和约束会使家庭成员对家风的认同增强。家风一经形成，就会不断继承发展，日积月累、潜移默化、前赴后继中发挥陶冶家庭成员品行的作用。家风集中体现了家庭成员的道德水平，不仅在思想上约束家庭成员，而且会促使家庭民主、和谐、温馨的家庭氛围不断发展。”[1]

家风是家庭文化的延续，通过家庭教育传染和遗传，通过格言警句、故事传说等形式传承，家庭成员共同遵守、言传身教，

[1]《社会主义核心价值观引领当代家风培育研究》，人民网，2020年6月28日。

使其得以保持和发扬光大。古人常以忠厚传家、诗书继世，以礼教子孙，催其上进，使其向善。家风传承的主要方法有：一是采取多种教育手段、教育方法进行家风教育；二是制订成文家法，严格执行；三是强调家长率先垂范、公正治家。

家风传承的主要方法有：一是采取多种教育手段、教育方法进行家风教育；二是制订成文家法，严格执行；三是强调家长率先垂范、公正治家。

湖南省浏阳市沙市镇秧田村有1378户5462人。自古以来村民勤耕重读蔚然成风、历代传承，截至2023年4月，先后从村里走出上千名大学生、176名硕士、28名博士，时至今日这个数字仍在增加，成为远近闻名的“博士村”。这个有着700多年历史的古村人才勃兴，“力耕种、勤诵读”，一直是秧田村家风家训中的重要字眼，也是秧田村每一位家长的育人之道。在秧田这块风水宝地上曾孕育过大学士、进士、秀才、学士等人才，当代被清华、北大等名校录取的学生不少。如村民罗建植，是罗洪涛、罗洪浪博士兄弟的父亲。他只有初中文凭，何以培养出两个博士生？他说：“即使借米吃饭，也要让孩子读书，那时候家里穷，孩子读书回来都要割草、挑水，从小就锻炼了吃苦耐劳精神。”他家始终对阅读和教育有着坚定的信念，靠着种田、织布、做篾匠赚来的钱将两个儿子送进了大学，直到双双考取上海交通大学的博士。“儒风代代传，博士辈辈出”。良好的家风教训，造就了浏阳市沙市镇秧田村、淳口镇杨柳村、龙伏镇焦桥村、龙伏镇石柱峰村等一个又一个的“博士村”，使之成为了当地有名的“博士村群”。

四、家风是孩子成长的雨露

雨露，常用来比喻恩惠。对孩子来说，父母对他们有养育之恩，所谓父恩比山高、母恩比海深。父母靠什么来养育孩子？衣食只能让孩子长身体，家风才能让孩子长心智。孩子是幼苗花朵，他们的成长需要阳光雨露，良好的家风家教就是照耀、滋润孩子的阳光雨露，在孩子的成长过程中起着非常重要的作用。

（一）好家风如芝兰之香。父母是孩子成长路上的见证人，孩子在成长之路上需要父母的扶持，才能让自己成长的过程丰富多彩。在一个家庭中，父母应该积极创造条件，尽可能地多花孩子的成长要从小抓起，父母起着决定性作用，要陪伴孩子走好每一步。

时间和精力去陪伴孩子。在孩子成长的每一个阶段都要留下值得记忆的东西，家长千万不要让孩子虚度光阴。孩子的成长要从小抓起，父母起着决定性作用，要陪伴孩子走好每一步。

南北朝时期的文学家、教育家颜之推在《颜氏家训·慕贤》中云："人在年少，神情未定，所与款狎，熏渍陶染，言笑举动，无心于学，潜移暗化，自然似之。何况操履艺能，较明易习者也？是以与善人居，如入芝兰之室，久而自芳也；与恶人居，如入鲍鱼之肆，久而自臭也。"[1]译成白话文就是：人在年轻的时候，思想性格尚未定型，所接近的人很容易对自己产生影响，即使无心效仿，在潜移默化中，言谈举止也与他人有许多相似之处；操行才能，受他人的影响

[1]［清］朱用纯等著，金源编译：《朱子家训·颜氏家训·孔子家语》，天地出版社，2019年9月第1版，第47页。

就更明显了。因此，与好人相处如同进入放满芝兰的房屋，时间久了，自然也会染上香气；与坏人相处，如同进入满是鲍鱼的店铺，时间久了，自然会染上臭味。

我国著名作家莫言获得诺贝尔文学奖之后，在瑞典学院的演讲稿中多次提及自己的母亲。莫言小时候跟随母亲去卖白菜。小莫言有意无意地多算了一个老人一角钱。回到家，得知此事的母亲竟然伤心落泪。她没有打骂莫言，却说："儿子，你让娘丢了脸。"还有一次，母亲到别人家麦地里去拾麦穗。主人发现后，竟然打了母亲一巴掌，抢走了所有的麦穗，然后吹着口哨走开了。多年以后，那个打人的人已经成为白发苍苍的老者，在一次集市上与莫言相遇时，莫言想上去报复他，母亲却阻止了他。母亲没有文化，但她的行为却暗自契合了法国作家雨果的名言："最高贵的复仇之道是宽容。"前一个故事母亲教育莫言要讲诚信，后一个故事母亲教育莫言要讲宽容，这些都在莫言的心中留下了深刻的印象，反映在他的文学作品中则充满人性的真善美，并影响到他严己宽人、忠厚豁达的一生。

家风世代相传，是给家族成员树立的价值准则。好的家风能够影响一个人的品质和行为，营造家庭间良好的亲子关系，实施积极的社会行为，让孩子在家庭中得到支持，增强孩子的自信心，养成良好的社会素质和个性品质，更好地参与社会活动，构建良好的家庭伦理观，适应社会环境。家风优良，就能家道兴盛，和顺美满，惠风和畅，花香满衣。

家风优良，就能家道兴盛，和顺美满，惠风和畅，花香满衣。

有位朋友到居里夫人家做客，居里夫人当时正忙于试验，就让朋友随便转转。朋友发现，居里夫人的小女儿正在玩弄她的诺贝尔奖奖牌，不禁大吃一惊，这么贵重的东西，怎么能给孩子当玩具？居里夫人却很平静地表示这没什么：“我是想让孩子们从小就知道，荣誉就像玩具，只能玩玩而已，绝对不能永远守着，否则就将一事无成。”居里夫人淡泊名利，事业为重。爱因斯坦曾经称赞她在所有著名人物中是“唯一不为荣誉所颠倒的人”。

（二）差家风如鲍鱼之臭。家风的形成和延续关乎一个家庭的发展，在很大程度上会影响子女的一生。家风家教是一个家庭最宝贵的财富，是人生成长的营养环境。家风恶劣，难免殃及子孙、贻害社会，使之遭受熏染、遗臭万年。上小学的时候听老师讲过一个小故事：有一位妈妈溺爱自己的儿子，儿子想要什么她就想方设法给他什么，只差摘天上的星星给他了。后来孩子拿别人的东西，妈妈听说了也包庇纵容、听之任之。儿子长大后偷盗成性，终致涉案重大要判死刑。执行前，他请求警方再见妈妈一面，见了面他对妈妈说：“能允许我再吃一口您的奶吗？”妈妈应允，不想被儿子咬掉了乳房。民间有一句俗语：“小时偷针，大时偷金。”警醒世人对孩子的管教要从小抓起。一个人如果小时候沾染上坏习气，而大人听之任之，长大后就有可能会发展成触犯刑律的罪犯。当今社会，一个家教好、有教养的人，其家训一定严格，家风一定严谨。

英国著名戏剧家萧伯纳到苏联访问时，在街上看见一个小姑娘，她长得白白胖胖，双眸闪亮，头上扎着大红蝴蝶结，真是可爱极了。萧伯纳叟颜童心，竟停下来同她玩了许久，小姑娘也觉得很开心。分手时，萧伯纳把头一扬，对小姑娘说：“你知道我是谁吗？别忘了回去告诉你妈妈，就说今天同你玩的是世界有名的萧伯纳！”萧伯纳满以为当小姑娘知道自己是与一位世界大文豪玩时，一定会惊喜万分。不料小姑娘听了，瞪大眼睛，望着他问：“您就是萧伯纳伯伯？可是，您怎么会说自己有多么了不起呢？请您回去后也告诉您的妈妈，就说今天同您玩的是一位苏联小姑娘。”萧伯纳听了小姑娘的话后，惊呆了，他意识到自己刚才太自以为是了，不禁一时语塞，脸上顿时泛起红晕。这里不是说萧伯纳家风有多差，而是大人的一言一行都可能会给孩子带来影响。同时，说明了谦虚的道德品质对于人们是多么重要，如果不谦虚，世界大文豪也有可能会被一个小姑娘羞得无地自容。萧伯纳深刻反省自己的行为也为世人所称道。

推动家风家教建设工作，弘扬中华优秀传统文化，是当今社会每个家庭成员的重要任务，要把家风建设摆在重要位置，廉洁修身、廉洁齐家。在家勤俭为本、尊老爱幼，在外对亲友礼尚往来，对邻里和睦相处，对社会关爱弱者，互相帮助。那么，我们这个社会就会变得越来越美好。

五、家风是文明的延续

李渔《闲情偶寄》：“辟草昧而致文明。”文明是指人类社会的进步状态。旧时，文明也指新的或新式的，如早期话剧称文明戏，新式结婚称文明结婚。文明犹言文化，如物质文明、政治文明、精神文明、社会文明、生态文明。中国有着五千年的人类文明史，其中家庭中对于好的风尚和作风按照原来样子继承下去、延续下去，使得中华文明历久不衰、绵延不绝。

中国有着五千年的人类文明史，其中家庭中对于好的风尚和作风按照原来样子继承下去、延续下去，使得中华文明历久不衰、绵延不绝。

（一）过去文明的智慧结晶。古巴比伦、古埃及、古印度、古中国被称为四大文明古国，世界四大古文明唯有中华文明延续至今，其他三个文明都已经淹没在历史的长河之中，究其原因有许多，其中一个重要原因是中华文明有独有的家风。

“勿以恶小而为之，勿以善小而不为。惟贤惟德，能服于人。”[1]此句大意为：只要是恶，即使是小恶也不能做；只要是善，即使是小善也要做。只有贤能和德行，才能让人信服。这是刘备临终前给儿子刘禅遗诏中的话，出自《三国志·蜀书·先主传》。刘备以仁义取天下，这句话可以视为其一生成功的经验总结。小善积多了，会成为利天

[1]郭丹、李金云、李彬源编著：《家风家训》，党建读物出版社，2022年3月第1版，第136页。

下的大善；而小恶积多了，则足以祸乱国家。德行的积累要从细节着手，从小事做起。这两句名言虽然其本意是劝勉儿子要进德修业，有所作为，但它对后世的人们树立良好的价值观起着不小的作用。它时刻提醒着我们：善虽小，常为之，积少成多，换来的是谅解、和睦、友谊；恶虽小，常为之，聚沙成塔，带来的是罪恶、腐败。

“中国古代进行‘家教’的各种文字记录，包括散文、诗歌、格言等，通常称为‘家训’，自周以来至清仅目前可见的就有二百多部（篇），《朱子家训》《颜氏家训》《孔子家语》便是其中的优秀代表。”[1]如《朱子家训》是以儒家“修身”“齐家”的核心思想为宗旨，广采儒家的为人处世经验编撰的，被历代士大夫尊为“治家之经”，民国年间一度成为童蒙必读课本之一。《颜氏家训》是我国最著名、最有影响力的一部“家训”，其内容涉及许多领域，强调教育体系应以儒学为核心，尤其注重对孩子的早期教育，并在儒学、文学等方面提出了自己独到的见解。《孔子家语》记录了孔子及其弟子的思想及言行，是一部有关孔子生平事迹的资料汇编，大多是有关孔子的逸闻趣事，是我

[1]［清］朱用纯等著，金源编译：《朱子家训·颜氏家训·孔子家语》，天地出版社，2019年9月第1版，第1页。

们了解和研究孔子及早期儒家学派的重要参考资料。

“国学经典中蕴藏着中华五千年文明和智慧的精髓，维系着中华文化之根。千百年来，国学已经渗透到社会的各个方面，直接间接地影响着国人的思想、伦理、道德和日常行为。”[1]家风是国学的一部分，国学经典中就有不少关于家风家训的内容。如《三字经》《千字文》《论语》《孟子》《史记》《三国志》《老子》《庄子》等古籍经典，对于传承文明，增强民族自信心和凝聚力，为中华民族的伟大复兴起着重要作用。

（二）现代文明的题中要义。家风是现代文明进步的题中要义，是中华文化传承发展的重要内涵。我们要大力加强家风建设，坚定文化自信、担当使命、奋发有为，共同努力创造属于我们这个时代的新文化，建设中华民族现代文明。

家风跟社会价值体系本是一脉相承。改革开放以来，曾经有一段时间家风概念逐渐淡化了，艰苦朴素、勤俭节约等优良传统家风被金钱至上、贪图享受所腐蚀。“小公主”“小皇帝”已经成为比较普遍的现象，较多家庭可以花太多时间精力给孩子补习这补习那，上各种兴趣班，过多看重“一技之长”，认为“一俊

[1]《国学精粹》，梦华主编：中国华侨出版社，2014年8月第1版，前言第1页。

遮百丑”，却忽视了为人立足的基础，致使孩子到了十多岁连一些洗衣、做饭的基本生活自理能力都没有，还动辄挑三拣四，根本不体谅大人的难处。大人们没有坚持家风传承，没有将尊重、孝顺、诚实、互谅等家风元素灌输给孩子，不文明现象随处可见。例如在一些小区，经常可以看到有些小孩边走边吃零食，随手将包装扔到地上，哪怕垃圾桶就在不远处也视而不见，造成地面环境卫生“脏、乱、差”，这是缺少家庭教养的结果，甚至有的大人也随手乱扔垃圾，给孩子做了不好的榜样。

“五讲四美三热爱”

早在20世纪80年代初期，我国就曾经大力倡导在全国人民、特别是青少年中开展以“五讲四美三热爱”为基本内容的社会主义精神文明建设活动，即讲文明、讲礼貌、讲卫生、讲秩序、讲道德，心灵美、语言美、行为美、环境美，热爱祖国、热爱社会主义、热爱中国共产党。活动的广泛和深入开展，使脏、乱、差现象得到了有效治理，国民文明意识大大增强，道德情操和思想建设得到了大大加强。但是，现代文明建设是一项长期而艰巨的历史任务，不可能一蹴而就、一举成功，必须长期坚持、持续发力。

社会主义核心价值观是“富强、民主、文明、和谐，自由、平等、公正、法治，爱国、敬业、诚信、友善”，分别从国家层面、社会层面和个人层面高度凝练和概括了基本内容。

在培育社会主义核心价值观方面，我国开展了“全国道德模范”“感动中国年度人物”“双百人物”“时代楷模”“共和国勋章”等评选活动，并大力宣传这些先进人物的事迹。加强诚信社会建设，大力推进政务诚信、商务诚信、社会诚信和司法公信建设。运用报刊、网络等多种载体宣传社会主义核心价值观。利用重大节日、纪念日等契机，组织开展形式多样的纪念活动，传播社会主义核心价值观。这些举措形成了良好的社会环境，有力地加强了家庭家教家风建设，极大地促进了社会主义精神文明建设。

（三）未来文明的导向趋势。文明是社会进步的重要标志，也是社会主义现代化国家的重要特征。它是社会主义现代化国家文化建设的应有状态，是对面向现代化、面向世界、面向未来的，民族的、科学的、大众的社会主义文化的概括，是实现中华民族伟大复兴的重要支撑。

东晋太元年间，武陵郡有个人以打鱼为生。一天，他顺着溪水行船，忘记了路程的远近。忽然遇到一片桃花林，生长在溪水的两岸，长达几百步，中间没有别的树，花草鲜嫩美丽，落花纷纷地散在地上。渔人对眼前的景色感到十分诧异，继续往前行船，想走到林子的尽头。桃林的尽头就是溪水的发源地，于是便出现一座山，山上有个小洞口，洞里仿佛有点光亮。于是他下了船，从洞口进去了。起初洞口很狭窄，仅容一人通过。又走了几十步，突然变得开阔明亮了。呈现在他眼前的是一片平坦宽广的土地，一排排整齐的房舍，还有肥沃的田地、美丽的池沼，桑树竹林之类的，田间小路交错相通，鸡鸣狗叫到处可以听到。人们在田野里来来往往耕种劳作，男女的穿戴跟桃花源以外的世人完全一样。老人和小孩们个个都安适愉快，自得其乐。陶渊明笔下描摹的“世外桃源”的美景，在旧社会是没有的，而在当今，随着我国进入中国特色社会主义新时代，在强国建设和民族复兴的伟大事业中，这个桃源世界就是富强、民主、文明、和谐、美丽的社会主义现代化强国。

习近平总书记在党的二十大报告中指出：“中国式现代化

〔明〕 仇英 《桃花源图》（局部）

是物质文明和精神文明相协调的现代化。物质富足、精神富有是社会主义现代化的根本要求。物质贫困不是社会主义，精神贫乏也不是社会主义。我们不断厚植现代化的物质基础，不断夯实人民幸福生活的物质条件，同时大力发展社会主义先进文化，加强理想信念教育，传承中华文明，促进物的全面丰富和人的全面发展。”[1]文明的长河奔流不息，中华优秀传统文化的源头活水，为中国特色社会主义注入充沛生机，不断增强中国人民的志气、骨气和底气。

文明的长河奔流不息，中华优秀传统文化的源头活水，为中国特色社会主义注入充沛生机，不断增强中国人民的志气、骨气和底气。

以中国式现代化全面推进中华民族伟大复兴，是新时代新征程新使命。在新时代，我们要大力实施公民道德建设工程，弘扬中华传统美德，加强家庭家教家风建设，加强和改进未成年人思想道德建设，推动明大

[1]习近平：《高举中国特色社会主义伟大旗帜　为全面建设社会主义现代化国家而团结奋斗——在中国共产党第二十次全国代表大会上的报告》，人民出版社，2022年10月第1版，第22—23页。

德、守公德、严私德，提高人民道德水准和文明素养。统筹推动文明培育、文明实践、文明创建，推进城乡精神文明建设融合发展，在全社会弘扬劳动精神、奋斗精神、奉献精神、创造精神、勤俭节约精神，培育时代新风新貌。只有不断提高全社会文明程度，才能为迈向未来文明奠定坚实的基础。

第二节 家风好 世风好 国家好

家风是家庭风气，世风是社会风气。习近平总书记指出：“家庭是社会的基本细胞，千千万万个家庭的家风好，子女教育得好，社会风气好才有基础。”[1]家是最小国，国是千万家。在流传几千年的中华优秀传统文化中，家国情怀在中国人的心目中有着根深蒂固的血脉联系和不可替代的核心地位。这是因为在以氏族血缘纽带维系的宗法制度下，家庭即是国家的缩影，家族是家庭的扩大，国家则是家族的扩大和延伸，家和国在政治结构上

[1]中共中央党史和文献研究院编：《习近平关于注重家庭家教家风建设论述摘编》，中央文献出版社，2021年3月第1版，第23页。

紧密相连，形成了“家国同构”的格局。即家是小国，国是大家，家国本是一体。如果把国当作一个人的肌体，家就是这个肌体上的细胞，是国的最小社会单位和缩影，是家庭成员最早接触并接受家风教育的学校。家庭、社会、国家三者紧密相连，家风好、世风好，才能助力国家兴盛、民族复兴。

家庭、社会、国家三者紧密相连，家风好、世风好，才能助力国家兴盛、民族复兴。

一、好家风传承中华美德

中华传统美德是中华民族在千百年的历史进程中逐渐积淀形成的优秀道德品质、优良民族精神、崇高民族气节、高尚民族情感、良好民族礼仪等诸方面的总和。它是做人立身的根本，是民族团结的基石，是全民族的宝贵财富和精神支柱，在中国历代的传统政治中发挥了重要作用。通过家风传承中华传统美德，有助于增强民族凝聚力和向心力，有助于激发爱国情怀，有助于建设社会主义精神文明。

（一）继承爱国传统。中华传统美德八个字：“孝、悌、忠、信、礼、义、廉、耻。”中华十大传统美德：“仁爱孝悌、谦和好礼、诚信知报、精忠报国、克己奉公、修己慎独、见利思义、勤俭廉政、笃实宽厚、勇毅力行。”中华传统美德的基本精神：重视整体利益，强调责任奉献；推崇仁爱原则，注重以和为贵；提倡人伦价值，重视道德义务；追求精神境界，向往理想人格；强调道德修养，注重道德践行。这些基本的德行，被奉为传统美德的精髓，指导着人们立身行道、进德修业。

作为社会意识的重要内容，中华传统美德是一种以维护祖国民族利益为标志的精神，是中华文明的集中表现，也是中华民族的强大精神支柱，其中尤以爱国主义备受推崇，体现了人民群众对自己祖国的深厚感情，反映了个人对祖国的依存关系；是人们对自己故土、家园、种族和文化的归属感、认同感、尊严感和荣誉感的统一；是调节个人与祖国之间关系的道德要求、政治原则和法律规范，也是民族精神的核心。我们钦佩苏武牧羊、岳飞抗金、戚继光抗倭、郑成功收复台湾、左宗棠收复伊犁等壮举，因为他们是民族英雄的杰出代表，为祖国忧心如焚、九死不悔，对祖国忠贞不贰、舍生取义，在他们身上集中体现了强烈的爱国主义精神。

清代湖南湘阴人左宗棠就是一位满腹经纶、才高八斗，满怀才华、梦想、抱负的爱国志士，但又郁不得志，埋没乡间。1836年，两江总督陶澍途经醴陵时，看到县公馆的一副对联写得非常好，就要求见一下作者，这人就是左宗棠。陶澍于是特意留下来住了一宿，与左宗棠长谈，纵论古今，视为奇才。左宗棠第三次会试落第后，即应约到总督府当了幕僚，后来陶、左还成了儿女亲家，左宗棠的女儿成了陶澍儿媳。胡林翼与左宗棠同为贺熙龄的学生，胡林翼后来成为陶澍的女婿，在他中进士后，曾向云贵总督林则徐、湘军统帅曾国藩等力荐左宗棠。1850年，林则徐途经长沙时，指名要见隐逸在家读书的左宗棠，他与左宗棠长谈，并将自己在新疆整理的资料和绘制的地图交给左宗棠。曾国藩也不计较左宗棠曾得罪过自己的前嫌，向朝廷举荐了左宗棠。左宗棠这位具有真才实学的“绝世奇才”，由此走出乡野，一步步成为封疆大吏。1880年春，年近70岁高龄的左宗棠，命人抬着自己的棺材亲自率军出征，誓死报国的精神感染了全军将士冲锋陷阵，最终从沙俄手中收复了包括伊犁在内的新疆大片国土，因功勋卓著而名垂青史。

我们宣传范仲淹“先天下之忧而忧，后天下之乐而乐”，文天祥“人生自古谁无死，留取丹心照汗青”，顾炎武“天下兴亡，匹夫有责”，林则徐“苟利国家生死以，岂因祸福避趋之”，谭嗣同“我自横刀向天笑，去留肝胆两昆仑”等诗文，因为这些都显示了强烈的为国家、为民族、为社会的爱国精神。正是这种爱国精神，激励着国人前赴后继、视死如归，生命不息、奋斗不止，使中华民族从深沉的苦难中站立起来，屹立于世界民族之林。

正是这种爱国精神，激励着国人前赴后继、视死而归，生命不息、奋斗不止，使中华民族从深沉的苦难中站立起来，屹立于世界民族之林。

（二）弘扬儒家文化。“在中国古代，以儒家为主的中华传统文化之所以数经大劫却能迅速复兴，与古代家风教育有着密不可分的关系。”[1]首先，古代家风教育的价值取向大多以占主导地位的儒家文化作为价值轴、理想轴和参照系。其次，古代家风教育是一种血亲伦常的教化，血亲关系在先，教

[1]郭丹、李金云、李彬源编著：《家风家训》，党建读物出版社，2022年3月第1版，第39—40页。

育关系在后，教育意义从属依附于血缘关系。再次，作为中国传统文化的重要载体，传统家训是对传统文化精神与内容的通俗化表达。

我们遵循中华传统美德，是因为它有许多东西可以给我们很好的启发。如孔子曰："学而不思则罔，思而不学则殆。"被当作家庭教育的圭臬。孟子曰："有如时雨化之者，有成德者，有达财者，有答问者，有私淑艾者。此五者，君子之所以教也。"总结了五种教育方法。曾子曰："吾日三省吾身，为人谋而不忠乎？与朋友交而不信乎？传不习乎？"叩问自己的三重生命角色。古代强调修身齐家勉学，体现了齐家治国平天下与个人道德修养的一致性。

我们践行中华传统美德，是因为中华民族特有的母慈子孝、兄友弟恭、妻贤夫安以及由此派生而来的扶弱济困、尊老爱幼的传统美德，不仅使千万个家庭和乐融融、充满温馨，而且对于维护社会公德、建设精神文明、促进国家长治久安与团结安定具有重要作用。在人伦关系中，古人特别重视"孝悌"。"孝"乃人伦之始。古人认为，只有对父母敬重的人，才有可能为国家尽忠。"夫孝，始于事亲，中于事君，终于立身。"（《孝经》）把"孝"的精神贯穿于人的行为之中，把维护宗法制度与为君主、国家服务结合起来。“悌”是“孝”的扩展。孔子要求“弟子入则孝，出则弟”“友于兄弟”“四海之内皆兄弟也”。推而广之，主张“老吾老以及人之老，幼吾幼以及人之幼”，提倡社会普遍的敬老爱幼之风。中华传统美德是一个系统的道德体系，要求继承和发扬以往道德中的合理因素，联系现实社会中的实际需要，反映社会生活未来发展因素。这既是道德发展连续性的必然，也是一定道德观念为一定社会和民族所认同并容纳的需要。

（三）树立正确“三观”。在人类历史的优良传统中，中华民族传统美德是一个十分丰富的思想宝库。今天的社会主义道德原则和道德规范，都可以从这个宝库中找到自己的思想渊源。弘扬中华民族传统美德，有助于建设社会主义精神文明，有助于公民树立正确的世界观、人生观、价值观。

弘扬中华民族传统美德，有助于建设社会主义精神文明，有助于公民树立正确的世界观、人生观、价值观。

改革开放以来，我们大胆地学习和借鉴

资本主义国家的先进技术和管理经验，大力发展商品经济和市场经济，极大地促进了我国生产力的发展，也促进了精神文明的进步，但与此同时，也受到了西方资产阶级道德以及个人主义、享乐主义和拜金主义的冲击。有些人把“一切向钱看”作为生活的唯一原则，其思想言行无一不是为了满足自己的金钱欲望，将为人民服务、为他人奉献、大公无私、居利思义等丢到爪哇国里去了。

中华传统美德中有关义利、富贵与贫贱等许多道德观念，在当今是可以很好地利用和借鉴的。如孔子所说：“不义而富且贵，于我如浮云。”要求处富贵、去贫贱都要合乎道义，不靠歪门邪道。“贫而无谄，富而无骄”，提倡节俭，富而为仁，富而好学，提倡“穷则独善其身，达则兼济天下”。这种道德抱负，是我们搞市场经济所需要的。

曾几何时，馒头染色让人作呕；曾几何时，毒奶粉让多少家庭悲恸不止；曾几何时，地沟油流入百姓餐桌……食品安全问题频发，特别是许多不法商家为了提高销量，在生产销售的食品、保健品中添加有毒、有害的非食品原料，给人体造成极大危害，引发社会广泛关注。这是见利忘义的泛滥，更是见利思义道德的沦陷！

弘扬中华民族传统美德，有利于纠正由于商品经济和市场经济发展所带来的人们思想上的倾斜，对加强我国社会主义精神文明建设，从而更好地推动我国的物质文明建设具有重要意义。我们对市场经济要做好规划和引导，一方面要建立和完善社会主义法治，靠法治来管理市场经济。另一方面，我们还必须大力提倡传统美德，注意发挥德治在市场经济和其他一切经济活动中的积极作用。

二、好家风提升生命品质

印度诗人泰戈尔在他所作的《飞鸟集》中吟咏："生如夏花之绚烂，死如秋叶之静美。"大意是说：一切都自然平静地进行。"十年树木，百年树人"，人生百年应有所追求，从家风家教开始，培育科学的人生观。我们每个人要不断追求道德理想，创造美好人生，在人生征途上一路走好，不断提升生命品质。

（一）人生规划阶段设计。凡事预则立，不预则废。做好人生规划是首要的课题。我们来考察一下古今中外学者的几种人生规划的阶段设计文案。一是我国古代教育家孔子的阶段设计：

“吾十有五而志于学，三十而立，四十而不惑，五十而知天命，六十而耳顺，七十而从心所欲，不逾矩。”二是美国社会学家罗斯·韦伯的阶段设计，把人生划分为七个阶段：婴儿阶段，儿童前期阶段，儿童与青年初期阶段，青年期阶段，成人前期阶段，成人与中年阶段，老年阶段。三是日本大阪电气通信大学教授松永省吾的阶段设计，提出“人才终生流程图”：1.开始；2.世界观；3.青年立志；4.目标；5.科学技术知识；6.专才；7.通才；8.通晓专业；9.学科学术团体成员；10.学科带头人；11.判断。四是日本东京大学名誉教授渡边慧的阶段设计，假设人活 81 岁，把一生约 3 万天划分为三个阶段：第一个 1 万天，从出生到 27 周岁是成长和修业的时期；第二个 1 万天，从 27 周岁至 54 周岁是一个人施展才能的时期；第三个 1 万天，从 54 周岁到 81 周岁是回顾思考、总结一生的时期。以上四种设计方案，虽然都包括了人生内容的设计，对人的一生具有一定的指导意义，但是四种设计既没有深入研究人本身的结构，也没有反映环境与人的交互作用。

整个人生过程是一个连绵不断的时空整体客观存在，但它又明显地呈现出阶段性。按其生理、心理和社会化成熟程度以及人生内容的分布状况，可分为三个大的阶段，各大阶段又可分为几个小阶段。第一个大阶段，自出生至28岁左右，为人的身心成长和社会化时期，这个时期又可分为婴儿期、少年期和青年期。第二个大阶段，自28岁到 55岁左右，为探索创造和知识更新时期，这个时期又可分为中年前期、中年中期和中年后期。第三个大阶段，从55 岁左右开始，是收获总结时期，这个时期人虽退居二线，但还可以总结一生的经验教训给后人作参考。我们既要综合地考虑各个要素，全面地看待整个人生，又要根据不同情况，合理地划分人生阶段，使人生的阶段设计趋向科学化。

历史上很多著名人物在选择自己的人生道路时，与祖国和人民的需要一起考虑，这样的人最容易成才。

历史上很多著名人物在选择自己的人生道路时，与祖国和人民的需要一起考虑，这样的人最容易成才。李四光小时候看到祖国的海面上总是停泊着外国的轮船，就决心为祖国造出一流的兵舰。他15岁时赴日本学习造船，并在日本加入了孙中山组织的同盟会。辛亥革命时，他当选为湖北军政府实业司司长。但当时中国无钢铁造船，他便辞去实业司司长职务去英国学习采矿。但采矿首先得找矿、勘探，而我国当时缺乏地质专业的人才。他于是又选定了地质专业，后来创立了地质力学学科，成为著名的地质学家。

（二）死如秋叶之静美。“骨血浪漫，生命如花”是2023年7月上演的中国首部大型地方史诗剧《天宠湖南》的主题，该剧以艺术呈现方式，奉献给湖南人一部新家谱。“湖湘人的浪漫，远不只是所谓想象的奇诡、辞章的瑰丽；远不只是所谓爱得浓烈、恋得脱俗；远不只是所谓个性舒张、行为放任！他们不是为生活而生命，只是为生命而生活，且不是为生命的长度而生活，而是为生命的价值而生活。如果不能以活着方式实现其生命价值，那就宁愿以死去的方式去实现！这是永远不将生活当作人生目标的一群人！他们比谁都珍爱生命，他们不怕死，是因为他们觉得还有一种东西比活着更重要，那就是将生命献祭给族群、社稷，献祭给一片江山、一种文明的久远未来。即使他们主张经世致用，也是‘用’在求江山不丢、文化不绝，求人格不被折辱、理想不被践踏！他们不仅仅是面对刀枪威逼宁死不屈，而且是面对生活诱惑视若无睹。他们既向死而生，更向生而死！人生百年，生命如花，一生只够一次决绝绽开，他们也必求一次决绝绽开……”[1]这是对湖湘精英们重视生命品质的礼赞，也是对湖南人的生命态度和价值观的解密。

匈牙利著名爱国诗人和英雄裴多菲在1846年底创作了一首《自由与爱情》短诗：“生命诚可贵，爱情价更高。若为自由故，两者皆可抛。”1849年，裴多菲在同沙俄军队作战时牺牲，年仅26岁。这首著名箴言诗在我国广为传播，被广大中国读者熟知。1928年3月20日，中共湖北省委常委、湖南衡阳人夏明翰在汉口余记里被杀害，时年28岁。牺牲前他留下大义凛然的就义诗：“砍头不要紧，只要主义真。杀了夏明翰，还有后来人。”这首著名的短诗也在全国广泛流传，鼓舞了一代又一代的革命者，前仆后继，奋勇向前。同样是短诗，字字铿锵有力，句句朗朗上口，反映了无产阶级革命者为国捐躯、视死如归的大无畏革命精神，回荡着向死而生、追求自由的生命绝响。他们的生命虽然短暂，但留下的宝贵精神财富永恒。

（三）生如夏花之绚烂。苏联著名作家、革命者、《钢铁是怎样炼成的》一书的作者奥斯特洛夫斯基借书中主人公保尔·柯察金之口讲过一段名言：“人最宝贵的是生命，生命每个人只有一

[1]龚曙光：《我究竟算不算个湖南人——因〈天宠湖南〉兼问生长于斯的朋友们》，红网时刻，2023年7月19日。

次。人的一生应当这样度过：当回忆往事的时候，他不会因为虚度年华而悔恨，也不会因为碌碌无为而羞愧；在临死的时候，他能够说：‘我的整个生命和全部精力，都已经献给了世界上最壮丽的事业——为人类的解放而斗争。’”这段话告诉我们：人活着的价值是乐于助人、无私奉献和具有高度的社会责任感；提升生命的价值需要我们脚踏实地，从现在做起，从点滴小事做起，树立崇高理想，努力学习，掌握本领，回馈社会，造福人类。

我国伟大的无产阶级革命战士雷锋也曾在日记中写道：“人的生命是有限的，可是，为人民服务是无限的，我要把有限的生命，投入到无限的为人民服务之中去。”这句话的实质和核心是全心全意为人民服务，为了人民的事业无私奉献，是这个时代精神文明的同义语、先进文化的表征。

奥斯特洛夫斯基和雷锋自己是这样说的，也是这样做的。他们用毕生的精力实践着自己的诺言，实现了生命的升华。在千千万万的学习者中，有两位的名字值得一提：吴运铎、郭明义。

吴运铎是新中国第一代工人作家，也是新中国军工事业的开拓者。他出身于一个农民家庭，12岁当过矿工。1938年参加新四军，从事军械修理和制造。他冒着生命危险做各种炸弹、地雷的试制实验，多次负伤。他的左眼被炸瞎、左手的四个指头被炸掉。解放后，他把自己的经历写成小说《把一切献给党》，于1953年出版，在中国引起广泛、强烈的反响。他被称为“中国的保尔·柯察金”。

郭明义是鞍钢集团矿业公司齐大山铁矿生产技术室业务主管。他以雷锋为榜样，几十年如一日敬业爱岗、无私奉献，累计义务献工2.1万余小时，捐款54万多元，资助贫困学生300多名，无偿献血7万多毫升，影响带动了230多万人加入郭明义爱心团队，广泛掀起了“跟着郭明义学雷锋”的热潮。他先后荣获“全国优秀共产党员”“全国五一劳动奖章”“全国道德模范”“感动中国人物”“当代雷锋”“改革先锋”等荣誉称号。

如果我们每个人都来提升生命品质，每个家庭都来传承文明家风，那么我们整个社会就有千千万万个保尔·柯察金和雷锋式的模范人物。

英雄事迹感人至深，雷锋精神代代相传。如果我们每个人都来提升生命品质，每个家庭都来传承文明家风，那么我们整个社会就有千千万万个保尔·柯察金和雷锋式的模范人物。人人追求道德理想，个个创造美好人生，将会形成振兴中华民族的强大动力。

三、好家风直接影响世风

世风即通常所说的“社会风气”，是指社会在一定时期广泛流行的风尚和习气，它包括人们的思想观念、兴趣爱好、生活习惯和行为方式等，是政治、经济、文化、社会的综合反映。个人从属于家庭，好家风直接影响世风。随着家庭美德、职业道德和社会公德的逐步发展与完善，将折射出人们行为中的美好心灵，这些道德风采，又必将使社会主义精神文明步入更高的层次。

（一）家庭和睦则社会安定。在一个家庭内部，人最先感受到的是来自父母的爱，最先产生的也是对父母的爱。百善孝为先，孝敬父母是人类最基本的爱，中华民族自古

百善孝为先，孝敬父母是人类最基本的爱，中华民族自古以来都提倡孝道，大力褒奖孝子贤孙。

以来都提倡孝道，大力褒奖孝子贤孙。在古人看来，羊有跪乳之恩，鸦有反哺之义，作为万物之灵的人类，更应该孝敬自己的父母。孝的实质在于敬，即对父母的尊敬、敬慕与敬仰，赡养年老的父母，尊重父母的心愿和人格。每个家庭和睦，对整个社会而言就是一种最大的安全稳定因素。

清朝康熙年间，在江苏省崇明县（今上海市北部）有一户吴姓人家。吴氏老人中年时由于生活窘迫，无法养活四个儿子，忍痛把他们先后一个个卖给了别人家。儿子们长大后，都通过自己的努力赎身出来，并且各自娶妻生子，建立了家庭。吴氏兄弟理解父亲被迫卖子的痛苦经历，希望能让老人在晚年过上无忧无虑的生活。老人也盼望儿子能在身边，以慰晚年的孤苦和寂寞。于是吴氏兄弟便决定住在一起，以便共同照顾老人。他们在县城西街选了五间门面，把正中一间作为出入的过厅，其他四间每个儿子各开一家店铺，老大开米店，老二开布店，老三开腌腊店，老四开杂货店。靠着这四间店铺，吴氏兄弟都逐渐富了起来，他们并没有把老人看作累赘，相反几个兄弟都争着侍奉老人，尽可能满足老人的愿望，让老人过得舒服。开始他们让老人轮流到各自的家里居住，每次一个月，可是他们的妻子却感到这样轮流，要隔三个月才能亲自侍奉老人，时间太久了，老人也可能会因接连三十天都在一家吃饭觉得乏味。吴氏兄弟认为有理，便把每月一轮改为每日一轮，后来又改为每餐一轮。老人每天都有机会从这个儿子家到那个儿子家，自然非常满意。不仅如此，每月逢五或十，吴氏兄弟还共同在中堂设席，一家老少二十多人共聚一堂。老人坐上面，下面东边一排是四个儿子及孙子辈，西边一排则是四个儿媳及孙媳妇们。一家人按辈分坐定，依次向老人敬酒，祝老人健康长寿，屋里上上下下洋溢着天伦之乐。吴氏兄弟还担心老父亲每天待在家中会觉得烦闷，又经常劝说老人到外面去走走、散散心。后来，老人也习惯了饭后到集市中去游玩，每天精神矍铄，晚年生活过得非常愉快。吴氏兄弟争养老父亲的事迹很快传遍远近乡里，人们纷纷以他们为榜样，孝敬老人在崇明这块地方一时蔚然成风。[1]

俗话说："远亲不如近邻。"家庭和睦关系的扩大，首先表现为亲善邻里、睦邻友好、守望相助。邻里是一个人从家庭走向社会的阶梯，也可以说是一个小社会，邻里间的团结互助，不仅能造就良好的社会风气和生活环境，而且平凡而珍贵的乡邻情谊将温暖人们的心灵，形成一种巨大的道德向心力，建立起友亲睦

[1]梅克保、谭仲池主编：《道德的力量》，湖南人民出版社，2004年12月第1版，第253—254页。

朱冲敬邻

邻的良好邻里关系。朱冲是晋代南安（今陇西三台）人，少年时就娴静稳重，为人厚道，好学上进，因家境贫寒，从小就要下田做农活，以维持全家的生计。朱冲一生不愿做官，朝廷曾派人拿着诏书来找他，他得知后，急忙跑到山里躲了起来。朱冲为人宽厚，可是他的邻居却是一个性格粗暴且粗心大意的人。一次，邻居丢了一头牛犊，寻到了朱冲的牛圈里，认为朱冲家的牛犊有点像他家的，左瞧瞧、右看看，不看不像、越看越像，就认定朱冲的牛犊是他家的。他把朱冲喊出来，指着朱冲的鼻子就骂："你这小子好大的胆，竟然敢偷我家的牛犊！"边骂边冲过去就要打人，幸好被村里的人劝住。大家都清楚，朱冲怎么是那样的人呢？但对这个邻居也没有什么办法。朱冲不争辩，只是站在一旁微笑着，见邻居把他家的牛犊牵走了也不作声。不久，邻居在村后的树林里找到了他的牛犊，心里非常愧疚，便把朱冲的牛犊送回来了。朱冲和颜悦色地收下了牛犊，只是说："你的牛犊找到了就好。"这个邻居还好占小便宜，他家的牛经常跑到朱冲家的田里吃庄稼，而自己装着不知道。朱冲看到了，把牛牵到一边，拴在一棵大树下，扯来一大捆嫩草给牛吃饱，再把牛送给邻居说："我知道你家人手不够，忙不过来，这不，我扯草把你家的牛喂饱送来了。"邻居见朱冲如此厚道，内心更加惭愧，逐渐认识到自己的错误，改掉了那粗鲁的坏脾气，不再做损人利己的事情了，而且与朱冲成了相互关照、相互帮助的好邻居。[1]

美满幸福的家庭是充满温暖情谊的生活共同体，家庭成员之间的关系是以互爱的感情为纽带的。

（二）家庭幸福则社会祥和。社会的祥和、文明建立在家庭幸福、美满的基础之上。美满幸福的家庭是充满温暖情谊的生活共同体，家庭成员之间的关系是以互爱的感情为纽带的。恋人之间、夫妻之间的关系是以爱情为基础的，父母对子女有关怀之爱、兄弟姐妹之间有同胞之爱、子女对父母有崇敬之爱。这种在家庭生活实践中形成的亲密感情是延续和巩固家庭存续的精神因素，是建立幸福美满家庭的必要条件，维护和发展这种亲密感情是社会主义家庭美德的要求。

1856年，全世界无产阶级和劳动人民的革命导师马克思在给他的夫人燕妮的信中写道："我对你的爱情，只要你远离我身边，

[1]梅克保、谭仲池主编：《道德的力量》，湖南人民出版社，2004年12月第1版，第257—258页。

就会显出它的本来面目，像巨人一样的面目。在这爱情上集中了我的所有精力和全部感情。”“诚然，世间有许多女人，而且有些非常美丽。但是哪里还能找到一副容颜，它的每一个线条甚至每一处皱纹，能引起我的生命中的最强烈而美好的回忆？”这一年，马克思夫妇已经结婚 13 年了。为什么他们的爱情仍如此强烈、如此巩固呢？这是因为他们之间的感情建立在献身于人类彻底解放这一崇高理想的基础之上，他们在人格上互相鼓舞、互相充实。虽然他们在物质生活方面不很富有，但是他们的家庭却是美满幸福的。燕妮美貌出众。1860 年，46岁的燕妮得了天花，她的“脸变得很难看，暗红色的疤痕像现在正流行的洋红色一样”，然而，妻子容貌的巨大变化并没有丝毫减弱丈夫对她的感情；相反，马克思对大病愈后的燕妮更加依恋和深爱。马克思曾热切地欣赏燕妮的美，但也更注重她的内在品德，能够经受住生活中的意外打击。马克思和燕妮之间的感情散发着巨大的人格魅力，是幸福家庭的典范。[1]

我国现代最伟大的文学家鲁迅和许广平在一起生活虽然只有十年时间，但他们的爱情忠贞持久，他们自觉地把男女平等作为

[1]梅克保、谭仲池主编：《道德的力量》，湖南人民出版社，2004年12月第1版，第245页。

爱情关系和夫妻关系的道德前提。1934 年冬，鲁迅在一首《赠许广平》的诗中说：“十年携手共艰危，以沫相濡亦可哀，聊借画图怡倦眼，此中甘苦两心知。”正是这种携手斗争、艰危与共、相濡以沫、互爱互助的生活情谊，成为他们相知后迅速相爱和相爱后一以贯之的重要原因。1936年10 月19日，鲁迅与世长辞。许广平每个月都要去扫一次墓。后来，她在《十周年祭》一文里，抒发了和鲁迅之间的生死情谊：“……惟一抔土，长埋爱人。每届凭临，无不感恸：十载恩情，毕生知遇，提携体贴，抚育督注。有如慈母，或肖严父，师长丈夫，融而为一。呜呼先生，谁谓荼苦，或甘如饴，惟我寸心，先生庶知……”作为共同生活伴侣的夫妻，只有在平等互爱的前提下，才能处理好夫妻关系、家庭关系，共同承担对家庭和社会应尽的责任和义务。[1]

（三）家庭和谐则社会文明。“人们的社会生活丰富多彩，它们可以分为三大领域，即社会公共领域、行业领域和家庭领域。与此相适应，社会生活中有三种基本道德，即社会公德、职业道德和家庭美德。‘三德’之间有着密不可分的关系。社会公德所表现的道德规范对职业道德和家庭美德有着重要的价值导向

[1]梅克保、谭仲池主编：《道德的力量》，湖南人民出版社，2004年12月第1版，第258—259页。

作用；家庭美德是社会公德在家庭领域的具体表现；一个从小在家庭中受到良好道德教育的人，走上工作岗位后就容易培养其职业道德和社会公德品质。”[1]

和谐是音乐声调，只有配合协调，才能悦耳动听；和谐是图画颜色，只有搭配恰当，才能活色生香。只有家庭和谐，社会才能如沐春风。我们要积极组织开展文明家庭建设活动，动员社会各界广泛参与，推动形成爱国爱家、相亲相爱、向上向善、共建共享的社会主义家庭文明新风尚。只有实现家庭和谐文明，才能带来整个社会的和谐文明。

和谐是音乐声调，只有配合协调，才能悦耳动听；和谐是图画颜色，只有搭配恰当，才能活色生香。只有家庭和谐，社会才能如沐春风。

李贞和甘泗淇是新中国唯一的一对开国将军夫妇，虽然一生无亲生子女，但是他们收养了20多位烈士的孩子，并悉心抚育他们长大成为国家的有用之才。李贞6岁当童养

[1]梅克保、谭仲池主编：《道德的力量》，湖南人民出版社，2004年12月第1版，第245页。

媳，饱受凌辱。参加革命后，经历了长征，一生戎马倥偬，1955年授衔被评为新中国唯一一位女将军。但她并没有利用将军的身份来谋取任何好处，一直勤俭节约，身上的衣服鞋子也是缝缝补补，节省下来的钱都用在了孩子们的身上。孩子们成家立业后，时常带着自己的小家庭来看望李贞夫妇，在那稍显破旧的家里，充满了小孩子的欢声笑语和亲人的嘘寒问暖。直到1990年，83岁的开国女将军李贞毫无遗憾地闭上了双眼。生前，她把自己名下仅有的1.1万元存款捐给了中国儿童少年基金会等组织以及作为党费交给了党。她一生忠贞不贰，为党为民无私奉献，成为女中豪杰。

1963年，新疆阿勒泰地区青河县青河镇维吾尔族居民阿尼帕·阿力马洪已是2个孩子的母亲，加上家里的6个弟弟妹妹，10口之家的生活全靠丈夫的工资艰难维持。然而就在这年冬天，与她家一墙之隔的哈萨克族邻居亚合甫夫妇相继去世，留下3个无人照看的孩子，阿尼帕·阿力马洪夫妇收养了这3个孩子。1977年冬天，她的妹妹将回族女孩王淑珍领回了家，随后，善良的她还费尽周折找到了王淑珍的3个兄妹，把他们接回家。几年后，王淑珍的继父去世留下的3个子女，也被她领回了家。就这样，她收养了来自不同民族的10个孤儿，加上自己生育的孩子共抚养了19个儿女。养育孩子，她和丈夫付出了令人难以想象的艰辛，丈夫阿比包除了上班还去打土坯、帮别人宰牛宰羊来换取生活物资；她则经常挖野菜、捡麦穗、拾土豆去换面粉给孩子们吃。在阿尼帕妈妈教育基地里，至今还保留着一口直径1.2米的大铁锅。她经常说："在我家里，没有民族之分，手心手背都是肉，他们都是我的孩子，我们是一家人！" 2020年6月30日，82岁的阿尼帕·阿力马洪加入了中国共产党。她先后荣获"全国道德模范""全国民族团结进步模范个人"等称号。

四、好家风共助国家兴盛

习近平总书记指出："我们要认识到，千家万户都好，国家才能好，民族才能好。国家富强，民族复兴，人民幸福，不是抽象的，最终要体现在千千万万个家庭都幸福美满上，体现在亿万人民生活不断改善上。同时，我们还要认识到，国家好，民族好，家庭才能好。"[1]家庭的前途命运同国家和民族的前途命运紧密相连，家庭追求要体现家国情怀，让每个人、每个家庭都为

[1]中共中央党史和文献研究院编：《习近平关于注重家庭家教家风建设论述摘编》，中央文献出版社，2021年3月第1版，第4页。

中华民族大家庭作出贡献。

爱国之心是指个人或集体对祖国的热爱，以及为国家利益愿意积极支持和付出的态度。

（一）常怀爱国之心。爱国之心是指个人或集体对祖国的热爱，以及为国家利益愿意积极支持和付出的态度。屈原（约前340—约前278）是楚国著名的政治家、诗人，楚丹阳（今湖北秭归）人。他出身贵族家庭，年轻时就具有渊博的学识，受到楚怀王信任，任左徒。他以楚国的兴亡为己任，积极要求改革内政、变法图强，并出使齐国，订立了齐楚联盟，以共抗强秦。然而，他的一系列主张却遭到许多贵族大臣的嫉恨，他们唆使楚怀王撤去了屈原的左徒职务，另任他为负责管理王族三姓子弟的闲职“三闾大夫”。后来，楚国百姓一致指责令尹子兰劝楚怀王入秦求和并客死咸阳这件事，屈原对此也很气愤。子兰不仅不反省自己的过失，反而怀恨在心。他授意上官大夫靳尚再次到顷襄王面前大肆诽谤屈原。顷襄王闻之大怒，将屈原革了职并放逐到沅湘

（今长沙及周围地区）。屈原在流放中，了解到老百姓穷苦的生活状态，看到了楚国衰亡的命运，内心痛苦复加，忧心忡忡。他只有把自己的政治主张、美好理想以及心灵深处的悲愤写成《天问》《招魂》《离骚》《九章》《九歌》《渔父》等诗篇，[1]借以激发楚人的爱国热情。而此时，楚国的形势日益恶化。公元前278年，秦国军队攻下郢都，楚军四散溃逃，百姓流离失所。这一切使忧国忧民的屈原心如火焚，感到深深的绝望。阴历五月初五，阴风怒号，淫雨霏霏，屈原留下他的绝笔之作《怀沙》，纵身跳入了汨罗江中。我国传统节日端午风俗，就是用来祭祀这位伟大的爱国主义诗人。

（二）常抱报国之情。报国之情是指个人或集体为国家效力尽忠的感情。新中国成立后，钱学森、华罗庚等科学家都坚持回国

报国之情是指个人或集体为国家效力尽忠的感情。

[1]参见王习加主编：《长沙史话》，社会科学文献出版社，2014年12月第1版，第43—46页。

报效祖国。上海交通大学钱学森图书馆陈列了钱学森的很多书籍、手稿，其中有一封书信格外引人注目。那天是1955年6月24日，钱学森邮寄的一封信件抵达比利时，他希望委托妻妹转寄国内，其中写道："无一日、一时、一刻不思归国参加伟大的建设高潮……学森这几年中惟以在可能范围内努力思考学问，以备他日归国之用。"[1]书信简练，却流露着迫切心情。1930年代在国立交通大学读书的钱学森品学兼优。面对民族存亡，大学毕业的钱学森前往美国留学，填报的专业就是航空工程，他以第一名的成绩被录取。海外留学的钱学森依靠自己的努力，成为世界著名火箭专家、空气动力学家。1949年新中国成立，钱学森便决心回国，但几经波折，一家人在1955年才登上归来的轮船。面对采访，钱学森说："我打算回中国去，竭尽全力，与中国人民一道建设国家，使中国人民过上有尊严的幸福生活。"他不远万里冲破重重阻力，经过长达21天的颠簸，钱学森一家在1955年10月回到祖国。1956年10月8日，中国第一个导弹研究机构——国防部第五研究院正式成立，钱学森任院长。面对重重困难，钱学森从最基础的工作干起，他编撰了一部基础教材《导弹概论》，启迪

[1]《钱学森：心怀祖国　奉献毕生》，《东方时空·赤子心 报国情》，央视新闻客户端，中国科协，2020年6月28日。

中国第一代从事导弹和火箭研制的航天人。当时，钱学森是第一枚导弹“东风一号”的总体技术负责人，在那段艰苦的岁月里，钱学森和其他专家夜以继日，废寝忘食，克服了无数的技术难关，亲手缔造了“东风”导弹，发射了我国第一颗人造地球卫星“东方红一号”，使我国的航天事业取得开创性突破……在国与家面前，他必须舍一头。钱学森之子钱永刚说：“《钱氏家训》里头有这么一句话：‘利在一身勿谋也，利在天下者必谋之。’就告诉你如果仅仅是对你有的好处，这种好处可以不必去谋取；但是如果这个好处是对于社会、对于国家、对于天下有利，那你要克服困难，一定要必谋之。”钱学森用毕生心血，大幅提升中国的国防实力。

1946年，数学家华罗庚应邀去美国讲学，并被某大学高薪聘为终身教授，他的家属也随同到美国定居，生活十分优裕。当时，不少人认为华罗庚是不会回来了。新中国的诞生，牵动着华罗庚的心。1950年，他毅然放弃在美国的优裕生活，回到了祖国。

（三）常立强国之志。强国之志，就是指个人或集体所怀有的使国家富强和民族兴盛的远大志向。1960年7月，在湖南省安江农业学校试验田中，一名教员意外发现一株特殊性状的水稻。这株植株鹤立鸡群，在低矮的稻田里显得“格格不入”——或许这是“天然杂交稻”？发现这株水稻的教员不是别人，正是后来名震天下、造福世界的“杂交水稻之父”袁隆平院士。[1]袁隆平夫妇有三个儿子，在各自的领域都是佼佼者，小儿子袁定阳子承父业，成为超级杂交水稻分子育种创新团队的首席专家。“从父亲袁隆平身上，他们学到了低调为人，吃苦耐劳、坚忍不拔的品质，这是一辈子都取之不尽、用之不竭的精神财富。”“对于三个孙女来说，家庭氛围对她们的耳濡目染是显而易见的。孙女们说：‘长大后我们也要成为像爷爷那样的人。一个有梦想，并愿意为之去努力奋斗，一辈子做好一件事的人。’”[2]

家庭氛围对她们的耳濡目染是显而易见的。

在湖湘大地上，众多流淌着一腔热血

[1]江涌主编：《万山红遍：百年大党的湖南征程》，东方出版社，2021年7月第1版，第309—311页。
[2]《名人家风：袁隆平的家风故事》，澎湃新闻客户端，2022年6月6日。

的探路者，“油菜院士”官春云、“养猪院士”印遇龙、“辣椒院士”邹学校、“茶叶院士”刘仲华、“养鱼院士”刘少军……形成了让外界瞩目的“湖南农业院士天团”。他们以“心忧天下，敢为人先”的胸怀和“吃得苦、耐得烦、霸得蛮”的精神，在各自的领域深耕多年，丰盈“米袋子”、丰盛“菜篮子”、丰富“果盘子”，使湖南以占全国3.2%的耕地生产了占全国6%左右的粮食，为确保国家粮食战略安全和大宗农产品有效供给作出了重要贡献。

在“一粒种子改变世界”的同时，一批了不起的湖南人意气风发地登上了“中国制造”的舞台，梁稳根和三一重工、詹纯新和中联重科、周群飞和蓝思科技，在每一个成功者的背后，都有着家教家风的影响，他们在努力书写着人生奋斗的创业故事，也在忠实践行着实业报国的家国情怀和强国抱负。周群飞的父亲当过兵，快到退伍之时不幸被

在每一个成功者的背后，都有着家教家风的影响。

弹药炸伤，失去了两根手指，双目也接近失明。现实的残酷并没有让他丧失生活的斗志，反而愈挫愈勇，先后拜了八个师傅。学成后他就依靠自己所学的技艺，拉扯三个孩子长大。父亲身残志坚的意志，无形中也影响了周群飞。以至于后来遇到困难，她总会想到父亲顽强拼搏的身影，于是也就有了往前走的动力。她说："没有不景气的市场，只有跟不上的思想，蓝思人的奋斗只有起点，没有终点。把一件简单的事情做好，就是不简单，把每一件平凡的事情做好，就是不平凡。"[1]

湖南在工程机械、轨道交通、航空航天、电子信息、新能源汽车、现代石化等领域都形成了产业规模优势，有的正在向世界级先进制造集群挺进。"可上九天揽月，可下五洋捉鳖"是伟人毛泽东的雄心壮志和浪漫诗情，如今九霄云上的载人飞船、大洋底下的深海钻探、茫茫旷野的磁浮列车，都留下了"湖南元素"的激情与豪迈，"制造湘军"的传奇梦想是中国制造业崛起的一个缩影。

2021年7月1日，在北京天安门广场隆重举行的庆祝中国共产党成立100周年大会上，少先队员和共青团员代表集体诵读了一

[1]《回顾湖南女首富：15岁成打工妹，靠玻璃起家，45岁挣下500亿身价》，田泗纪实，2023年6月15日。

段献词，向党致以青春的礼赞。献词最后重复四遍“请党放心，强国有我”的铮铮誓言，抒发了青少年的强国之志，回荡在祖国960多万平方公里的大地上。

第三节 时代呼唤传承好家风

2018年11月2日，习近平总书记在同全国妇联新一届领导班子成员集体谈话时指出："要坚持以社会主义核心价值观为统领，树立新时代的家庭观，引导妇女既要爱小家，也要爱国家，带领家庭成员共同升华爱国爱家的家国情怀、建设相亲相爱的家庭关系、弘扬向上向善的家庭美德、体现共建共享的家庭追求，在促进家庭和睦、亲人相爱、下一代健康成长、老年人老有所养等方面发挥优势、担起责任。"[1]这既是对全国妇联领导的要求，也

[1]中共中央党史和文献研究院编：《习近平关于注重家庭家教家风建设论述摘编》，中央文献出版社，2021年3月第1版，第70—71页。

是对我国全体公民的期望。建设中国特色社会主义新时代，需要推动形成社会主义家庭文明新风尚。新时代呼唤弘扬中华民族传统美德，呼唤传承好家风。

一、家风是每个家庭的传家宝

什么是传家宝呢？传就是由一方交给另一方、由上代交给下代，传家宝就是家庭里世代相传的宝贵物品，可以是物质的，如和氏璧是春秋时楚人卞和自山中得一璞玉经琢磨而成的宝玉；也可以是精神的，如艰苦朴素的作风是劳动人民的传家宝。家风是我们每个家庭的传家宝，什么时候都不能丢掉。

（一）贵如碧玉。“中华传统家训的主要内容是教家族和家庭子弟读书、修身、处世、治家、善待亲族邻里等，因其具有约束性、强制性，甚至有惩戒性，对在全社会实现儒家倡导的修身、齐家理念起到了不可忽视的作用。”[1]家训是中国传统社会开展家庭教育的教科书或者文本文献，它体现了制定者的人生经验、感悟、教训、治家理念与心得以及对子弟的期许，从而能起

[1]李兵、彭昊选编、译注：《中华传统家训选读》，岳麓书社，2022年9月第1版，《写在前面的话》第3页。

家风家训中重视人格养成的治家智慧，就像宝贵的碧玉一样，闪烁着人类睿智的光芒。

到针对性更强的更好的家教效果。家风家训中重视人格养成的治家智慧，就像宝贵的碧玉一样，闪烁着人类睿智的光芒。

中华民族传统家庭美德，铭记在中国人的心灵中，融入中国人的血脉中。“一门父子三词客，千古文章四大家。”倘若你到四川省眉山市三苏祠参观，就可以领略到北宋著名文学家苏洵、苏轼、苏辙三父子的人文风采，感受苏氏家风家教的传统文化魅力。三苏父子，文贤一家，道德文章，堪称楷模。苏氏一门一直传承着“读书正业、孝慈仁爱、非义不取、为政清廉”的家风。作为苏氏一门代表人物的苏轼，良好的家风家教筑牢了他安身立命的根基，开启了他道德文章的“第一课”，建立了他与社会、国家融合共生的大格局。

展馆在“家风世传”板块，展出他的文章中所记他父母的故事各有两个，即母亲武阳君《不残鸟雀》《不发宿藏》，父亲苏洵

《因材施教》《题砚教子》。兹摘录两则如下：

不残鸟雀

少时所居书堂前，有竹柏杂花丛生满庭，众鸟巢其上。武阳君恶杀生，儿童婢仆，皆不得捕取鸟雀。数年间，皆巢于低枝，其鷇可俯而窥。又有桐花凤，四五日翔集其间。此鸟羽毛至为珍异难见，而能驯扰，殊不畏人。闾里间见之，以为异事。

——苏轼《记先夫人不残鸟雀》

题砚教子

轼年十二时，于所居纱縠行宅隙地中，与群儿凿地为戏，得异石如鱼，肤温莹，作浅碧色，表里皆细银星，扣之铿然。试以为砚，甚发墨，顾无贮水处。先君曰："是天砚也。有砚之德，而不足于形耳。"因以赐轼，曰："是文字之祥也。"轼宝而用之，且为铭曰：一受其成，而不可更。或主于德，或全于形。均是二者，顾予安取。仰唇俯足，世固多有。

——苏轼《天石砚铭并叙》

正因为苏轼出生于文教昌盛、经济发达的宋代眉山，生长在家风淳正的书香门第，受到了良好教育。科举入仕之后，虽一生命运大起大落，但始终坚守“立朝大节”，胸怀天下，勇于为义。并且在诗词、散文、书法、绘画等诸多领域都有很高的造诣，在农业、水利、医药、经学、军事、音乐、烹饪、养生等方面颇有建树，成为全才式的艺术巨匠、中国传统文化的集大成者。无论处于何种境地，他都乐观旷达，潇洒自适，以迷人的魅力影响后世。王安石评价他：“不知更几百年，方有如此人物。”宋孝宗评价他：“雄视百代，自作一家，浑涵光芒。”

纵观古今中外的家风家训，就像一个矿藏丰富、汗牛充栋的思想宝库，浩如烟海的宝藏，蕴藏着博大精深的智慧，带给后人以无尽的教益。

（二）思想宝库。纵观古今中外的家风家训，就像一个矿藏丰富、汗牛充栋的思想宝库，浩如烟海的宝藏，蕴藏着博大精深的智慧，带给后人以无尽的教益。家风的主要形式是家训、家范、家诫。顾名思义，家训泛指家长在立身、处世、为学等方面对子孙的教诲。家范、家诫也是家训的一种，前者侧重于规范，后者侧重于戒律。家训、家范、家诫等，都是家风形诸文字的载体，是家谱的重要组成部分和家庭教育的重要方式。家训的本质意义是家庭或家族生活共同体所应共同遵循的行为原则和共同承担的伦理责任。在国家不安定和国法不明确之际，家训可发挥稳定社会秩序的力量。[1]

古代家训文字记录包括家诫、家范、家书、家教、家规、家法、家风、家订、家礼、家道和遗训等多种形式，其文学体裁有书信、散文、诗词、楹联、格言、座右铭等。家训涉及的内容十分广泛，诸如讲修养、谈立志、话人生、言德行、剖处世、说治学、论人才、评风物、述文学、诲尊师、教理财、议从政等等。

我国古代家训内容广泛，可以是长辈对子孙、家长对家人、族长对族人的训示教诲，也包括兄弟姊妹间的诫勉、夫妻间的嘱咐。每个家族、家庭都有不同的族规或家训。一般来说，家训常常包含修身养性、齐家教子、交友处世、任事用权、读书勉学等内容，族规则多侧重遵纪守法、修身齐家、和睦宗族、孝敬尊长、合乎礼教、祭祀墓葬等，可以面面俱到，也可仅及一端。家训、族规的表现形式多种多样，可以是成文的家训文本，也可以

[1]参考郭丹、李金云、李彬源编著：《家风家训》，党建读物出版社，2022年3月第1版，第15页。

〔清〕 华喦 《诫子图》（局部）

是写给家人、子女的书信，甚至是家庭住房、祠堂的楹联等。[1]

家风传承内容和形式，除了经典的文本、固定的格式外，也随着时代的进步而创新。时至今日，从内容上来说，要求符合中华民族优秀传统美德和社会主义核心价值观，涉及社会公德、职业道德、家庭美德、个人品德各方面，融入现代元素，做到与时俱进。从形式上来说，随着各种媒体的介入，在保留族谱、碑刻、楹联等传统形式的同时，更多的是运用现代传媒，如微信公众号、视频号、影视作品、文艺演出等，做到喜闻乐见，寓教于乐。例如“意公子”视频号是福建省的艺术自媒体，它“把中华五千年文化长河里那些打动我们的人与物，带进当下人们的生活”，做得非常成功。自媒体，以其制作方便、传播快捷、形象直观、影响面广等特点而迅速走红网络。我们在弘扬主旋律、传播正能量、讲述好故事的同时，也要警惕低级、庸俗、色情、暴力等垃圾文化的传播。

（三）爱的教育。爱的教育就是培养心灵，是在心灵层面上和孩子成为知心的朋友。家风教育是家训等内容得以内化于心、外化于行的基本手段。中国古代家风教育十分重视教育方式的完善和

[1]参考郭丹、李金云、李彬源编著：《家风家训》，党建读物出版社，2022年3月第1版，第17页。

一是直观形象法，
二是借物喻理法，
三是以事说理法，
四是反面教育法，
五是对话训喻法，
六是以惩辅教法。

丰富。郭丹、李金云、李彬源编著的《家风家训》一书中，主要列举了以下几类方法：一是直观形象法。如符存审临终前拔箭头示儿、岳母刺字等。二是借物喻理法。如唐太宗以常见的树木、人体来形容分封诸侯的危害等。三是以事说理法。如司马光用古代人事例来说明家族存亡、人生处世的道理等。四是反面教育法。如司马光告诫儿子要吸取北宋名臣寇准好奢华以致有南迁之祸的教训等。五是对话训喻法。如陆游写诗告诫儿子“汝为吉州吏，但饮吉州水；一钱亦分明，谁能肆谗毁”等。六是以惩辅教法。如包拯家训规定子孙如果不服从训诫、为官不廉，“活着不许进入家门，死后不得葬入祖坟之中”等。[1]这些家教方式方法，对今天家风传承仍有借鉴作用，不过今天的家教方法更加丰富多样、具有效果。

[1]参考郭丹、李金云、李彬源编著：《家风家训》，党建读物出版社，2022年3月第一版，第120—121页。

当代有人列举好家风好家教教育孩子的方法有：一是树立好的榜样。榜样是以别人的好思想、好行为来影响和教育子女的重要方式。身教重于言教，家长首先要注重自身修养，树立良好的自我形象。一个不爱学习的家长，是不会培养出爱学习的好孩子的。二是耐心倾听与解释。父母在孩子情绪较为激动时，不要以一副权威的架势给孩子灌输一大堆的观点。要等孩子冷静下来，倾听孩子的想法，同时给孩子解释你这样做的原因，让孩子明白你的良苦用心。三是教导他关怀别人。父母应该帮助孩子多与他人接触。可以和孩子一起做一些力所能及的社会公益，鼓励孩子在学校参与一些义工活动，从帮助他人的过程中获得快乐，并养成乐于助人的好习惯。四是永远不要与孩子斗强。家长、老师以及与孩子关系密切的成年人，不可采用与孩子赌气、硬比等方式去刺激孩子。对心理还处于不成熟阶段的少儿来说，“激将法”是不合适的。五是大人的意见要统一。大人之间对于同一件事的看法要相互通气，争取一致，统一态度，切忌你说东我说西，不能当着孩子面相互数落。否则，孩子往往会莫衷一是，不知道究竟该听谁的。

著名翻译家、作家、教育家、美术评论家傅雷（1908—1966）在1956年11月19日谈他儿子傅聪的成长时，谈到教育的几个基本观念：第一，把人格看作主要，把知识与技术的传授看作次要。第二，把艺术教育只当作全面教育的一部分。第三，即以音乐教育而论，也绝不能仅仅培养音乐一门，正如学画的不能单注意绘画，学雕塑学戏剧的，不能只注意雕塑与戏剧一样，需要以全面的文学艺术修养为基础。他说："可是有一个基本原则，我始终觉得并不错误，就是：做人第一，其次才是做艺术家，再次才是做音乐家，最后才是做钢琴家。或许这个原则对旁的学科的青年也能适用。"[1]

二、人人都要注重家风建设

习近平总书记说："希望大家注重家风。家风是社会风气的重要组成部分。家庭不只是人们身体的住处，更是人们心灵的归宿。家风好，就能家道兴盛、和顺美满；家风差，难免殃及子孙、贻害社会，正所谓'积善之家，必有余庆；积不善之家，必有余殃'。"[2]家风建设事关家庭和睦、社会和谐、国家兴盛、

[1]傅雷：《傅雷家书》，万卷出版有限责任公司，2022年8月第1版，第8页。
[2]中共中央党史和文献研究院编：《习近平关于注重家庭家教家风建设论述摘编》，中央文献出版社，2021年3月第1版，第24页。

民族振兴，人人有责，应该积极参与。

（一）从自身做起。“先天下之忧而忧，后天下之乐而乐”是范仲淹（989—1052）在《岳阳楼记》里的一句名言。和范仲淹同时代的张载写过震古烁今的横渠四句：“为天地立心，为生民立命，为往圣继绝学，为万世开太平。”这是古往今来天下读书人的人生理想。而我们去看范仲淹的人生，我们真的要说他做到了，他的人生就是这四句话最好的样本。范仲淹小的时候很苦，他两岁的时候，父亲去世了，母亲改嫁了一个朱姓人家，所以他也改姓朱。后来他知道了自己的家事，内心非常伤感，流着眼泪辞别母亲，立下心愿，说总有一天，我要把姓改回来，光宗耀祖。因为离开了家里的接济，所以他的生活就更艰苦了。我们有个成语叫作断齑画粥，说的就是范仲淹的故事。他当时寄宿在寺庙里，读书的时候就用小米熬粥，等粥隔夜凝固了以后，就用刀切

“为天地立心，为生民立命，为往圣继绝学，为万世开太平。”这是古往今来天下读书人的人生理想。

成四块，早晚各吃两块，最多再配一点腌菜，就这样坚持了三年。他成年以后到应天书院刻苦攻读，冬天读书读得困了就用冷水洗脸，没东西吃了就喝点稀粥，一般人都忍受不了的困苦生活，他却连一个苦字都不喊。16岁的时候，范仲淹就立下了一个志向，说不为良相，便为良医。

范仲淹在几十年的为官生涯中，从来就是以生民为本，为生民立命。当时江浙闹饥荒，杭州灾情尤其严重。范仲淹一边散发米粮赈灾，鼓励老百姓储备粮食，一边着手做了另外一件事，就是鼓励百姓举行龙舟比赛，然后又召集寺院住持大兴土木，扩建寺院。当时同朝官员完全看不懂，就弹劾他，说他都饥荒了，还在劳民伤财。但是范仲淹这么做，其实是为了以工代赈，赛龙舟其实就是借用节庆来带动消费，让那些出卖劳力的老百姓可以有更多的工作机会出来讨生活，而那些手里有余钱的百姓就可以把自己的资产流动起来。包括大兴土木，其实也是同样的道理。所以范仲淹很聪明啊，他用这种举动，不太需要向中央要钱了，地方自己就可以盘活起来。他就用这样的办法，帮杭州的老百姓成功地度过了饥荒。

这里还有一个非常感人的故事，范仲淹在苏州当知州的第二年，买了一块地准备安家，然后有个风水先生给他看了，说这

范仲淹断齑画粥

是一块宝地呀，谁能得到它，这家必定世代出公卿。你想，如果是我们的话，听了之后是不是会非常开心？这绝对是福荫子孙的好事儿啊。但是我要说，范仲淹的格局非常大。他说，既然这是宝地，如果我自己盖私宅，那只能旺我一家。如果天下士子都能来这里读书学习，那将来必定是人才辈出，这是何等宽广的胸怀呀！于是，范仲淹就把这块地拿出来向朝廷奏请兴办苏州府学。这个举动，首开东南兴学之风。后来经过历代扩建，它已经成了东南学宫之首，办学千年不断，至今还是莘莘学子读书的地方，这里就是现在的苏州中学。真是“功在当代，利在千秋”。

公元1040年前后，西夏进犯北宋边境。在延州要塞失守以后，宋仁宗起用了范仲淹和韩琦奔赴西北战场。韩琦想攻，但是范仲淹却认为西夏军擅长游击战，不擅长阵地战。所以最好的办法就是以守代攻，要加固堡垒。但是韩琦没有听，他主动出击，结果在非常惨烈的好水川之战中，宋军惨败，死伤一万多名将士。而范仲淹则看准形势，在加固堡垒的同时，对内开始大兴农田水利，首先就解决了粮食供应的问题，而且他还让羌人参与屯田，开放了边境的贸易。我们说攻城为下，攻心为上，于是羌人各部落纷纷归心宋朝。《宋史·范仲淹传》说，很多羌族的老百姓在范仲淹生前都挂上他的画像，为他立生祠。范仲淹去世的时候，四面八方的民众，凡是听到这一消息的，都替他惋惜。很多羌族人，就像失去了父亲一样痛苦，斋戒了三天之后才离开。[1]元好问曾经这样评价范仲淹："在布衣为名士，在州县为能吏，在边境为名将，在朝廷则又孔子所谓大臣者。求之千百年之间，盖衬一二见。"[2]

（二）从小事做起。古人云："勿以善小而不为，勿以恶小而为之。"有利于培育良好家风的事情，即使最小，我们也应该去做；而同时，不利于培育良好家风的事情或将会培育恶劣家风的事情，即使最小，我们也不能去做。老子曰："天下大事，必作于细。"荀子在《劝学》篇里也说："不积跬步，无以至千里；不积小流，无以成江海。"千里之行始于足下，涓涓细流汇成大

千里之行始于足下，涓涓细流汇成大海，家风建设是事关社会风气、国家强盛、民族复兴的大事，需要我们每个家庭、每个人从身边的一件件小事情做起。

[1]参见《为人当如范仲淹》，意公子视频，"重读语文课本"系列：《岳阳楼记》。
[2]〔金〕元好问：《范文正公真赞》，《元好问全集》，山西人民出版社，1990年版，第69页。

海，家风建设是事关社会风气、国家强盛、民族复兴的大事，需要我们每个家庭、每个人从身边的一件件小事情做起。

东汉时期有一个少年陈蕃，他自命不凡，一心只想干大事业。有一天，他的朋友薛勤来访，见他独居的院子杂草丛生、秽物满地，就对他说："你怎么不打扫一下屋子，以招待宾客呢？"陈蕃回答："大丈夫处理事情，应当以扫除天下的祸患这件大事为己任。为什么要在意一间房子呢？"薛勤当即反问道："一屋不扫，何以扫天下？" 陈蕃听了无言以对，从此开始注意从身边小事做起，最终成为一代名臣。这个故事告诉我们，做大事要从身边小事做起，才能实现更远大的目标。

有人对一只小闹钟说："你一年要重复不停地'嘀嗒'三千多万次，你能忍受这种枯燥乏味的生活吗？"小闹钟听后十分沮丧。一只老怀表听说后对小闹钟说："不要只想着一年怎么'嘀嗒'三千多万次，只要坚持每秒'嘀嗒'一次就行了。"于是，小闹钟按照老怀表说的去做。一年过去了，小闹钟顺利完成了"嘀嗒"三千多万次的任务，变得更加成熟和坚强。这个寓言故事给我们的启示是：凡事要坚持从小事做起，不要急于求成，不要被困难吓倒，要认真对待每一天，相信只要坚持做好一点一滴的事，距离成功的目标一定会越来越近。

（三）从现在做起。 中国共产主义运动的先驱、中国共产党的主要创始人之一李大钊（1889—1927）有一句名言："吾人在世，不可厌'今'而徒回思'过去'，梦想'将来'，以耗误'现在'的努力。又不可以'今'境自足，毫不拿出'现在'的努力，谋'将来'的发展。宜善用'今'，以努力为'将来'之创造。"[1]日本著名宗教家、作家、摄影家池田大作也说过："'现在'就是一切的起点。'这里、现在'才是人生基本的立足点，既是其出发点，又是其终点。"[2]无论你现在是青春年少还是两鬓斑白，只要你从现在做起，就为时不晚。

"一寸光阴一寸金，寸金难买寸光阴。"历史上有许多惜时如金的故事。

《刺股悬梁》：战国时的苏秦，夜以继日地读书，实在太累了，就用锥子刺大腿来使头脑清醒；汉代的孙敬，为了防止读书时瞌睡，便用一根绳子把自己的头发系在房梁上，只要一打瞌睡就会被扯醒。

《囊萤映雪》：晋朝的车胤，家里很穷，连点灯的油都买不起。夏天的晚上，车胤用纱布做成一个小口袋，捉一些萤火虫装

[1]姜亮夫选注：《北新文选》第4册，上海北新书局，1931年，第6页。
[2][日]池田大作：《迈向新的价值创造时代》，创价学会，2010年，第11页。

进去，借着萤火虫发出的光亮看书；晋代的孙康家贫，晚上也点不起灯，冬夜里，他便坐在严寒的雪地中，利用白雪的反光苦读诗书。

《凿壁偷光》：西汉时的匡衡小时候家境贫苦，晚上点不起灯。但他酷爱读书，不想浪费晚上的时间。刚好，他家邻居是个财主，晚上会点灯。匡衡便在自己家的墙壁上凿一个洞，让财主家的灯光，进入自家房间，然后他就着漏进来的光苦读诗书。

唐代文学家、哲学家韩愈在《进学解》里给人谆谆教诲："业精于勤，荒于嬉；行成于思，毁于随。"生活是一场回不了头的旅行，不要浪费时间，有些事情，现在不去做，以后很可能永远也做不了。不是没有时间，就是因为有时间，你才一拖再拖，放心让它们搁在那里，任凭风吹雨打，铺上厚厚的灰尘。良药苦口利于病，忠言逆耳利于行。"一万年太久，只争朝夕"，大凡成功

"一万年太久，只争朝夕"，大凡成功者，都是行动派、实干家。家风建设从现在做起，积小胜为大胜，久久为功，才能取得实实在在的成效。

《匡衡凿壁偷光》

者，都是行动派、实干家。家风建设从现在做起，积小胜为大胜，久久为功，才能取得实实在在的成效。

洛克菲勒（1839—1937）是美国实业家、超级资本家，作为世界经济史上赫赫有名的“石油大王”，他白手起家创办了美孚石油公司，构建起一个庞大的商业帝国，成为了地球上首个亿万富翁。中国有句俗语叫“富不过三代”，然而，洛克菲勒家族从发迹至今已绵延数代，却没有丝毫颓废和没落的迹象。洛克菲勒家族的子孙能够取得巨大成功，和他们所受到的家庭教育是分不开的。在教育子女方面，洛克菲勒家族有着一套独特的教育方式和计划，目的就是不让孩子被宠坏。我们从洛克菲勒写给孩子的数十封书信中，能够感受一位父亲对自己孩子那浓浓的亲情以及殷切的期望，他对儿子在学问、品德、人际交往、事业发展、个人生活等方面提出了极其宝贵的人生忠告。例如，洛克菲勒在一封信中告诫儿子：想成为“我现在就去做”的那种人，就必须停止一切幻想，从现在开始就立马行动起来。因为，“明天”“下周”“将来”这些词和“永远不可能做到”的意思是一样的。他说：“积极行动就是我的一个标签，我很反感纸上谈兵，光说不练。因为在我看来，不行动就不会有结果，世界上没有哪件事情是光想不做就能够完成的。人生在世，只要活着，就得考虑行动。”[1]这就明白晓畅地告诉我们：要想人生获得成功，必须立刻行动起来。

三、新时代好家风的鲜明特征

2012年11月8日至14日中国共产党第十八次全国代表大会召开，从此我国中国特色社会主义进入新时代。党中央高度重视家庭、家教、家风建设，亿万家庭的前途命运同国家和民族的前途命运紧密相连。新时代好家风的鲜明特征是：把爱家和爱国统一起来；把实现个人梦、家庭梦融入国家梦、民族梦之中；把建设家庭与建设社会、建设国家结合起来。

（一）把爱家和爱国统一起来。习近平总书记强调：“我们要积极培育和践行社会主义核心价值观，弘扬中华民族传统美德，把爱家和爱国统一起来，把实现个人梦、家庭梦融入国家梦、民族梦之中，用我们4亿多家庭、13亿多人民的智慧和力量，汇聚起夺取新时代中国特色社会主义伟大胜利、实现中华民

[1]［美］洛克菲勒著，梁珍珍译：《洛克菲勒写给儿子的38封信》，古吴轩出版社，2015年10月第1版，第29、32页以及前言。

族伟大复兴中国梦的磅礴力量。”[1]

1979年的某一天，经过九天八夜的爬行，他血淋淋的下半身早已长满了蛆虫，但他始终没有放弃向前爬，当看到前方的一块玉米地时，他喜极而泣，他知道自己爬到国境了，因为越南人不种玉米。国境线上的解放军战士看到后，以为是越南的潜伏兵，便朝着他大声地喊话，但是他太虚弱了，根本无力应答。见得不到回应，几名解放军战士便以战斗的姿态朝着他一步步地走去。在离他还有20米的时候，解放军战士看到了熟悉的军装，意识到了这是自己人，便赶忙跑上去查看。看到解放军战士围上来后，他用虚弱的语气说道，150师448团战士肖家喜，向祖国报到。看着眼前的一切，众战士根本不敢相信自己的眼睛。眼前这名士兵右手紧握着枪，左手拿着一把鱼腥草，但军装早已烂透，不是被别人扯烂的，而是被泥土磨烂的，而衣服里面则是骷髅一样的躯体，下半身更是惨不忍睹，大腿因为被感染已经化脓长蛆了。

1958年，肖家喜出生于四川开县（今重庆市开州区）的一个普通家庭里，他的童年过得平稳幸福。长大懂事后，他就特

[1]中共中央党史和文献研究院编：《习近平关于注重家庭家教家风建设论述摘编》，中央文献出版社，2021年3月第1版，第69页。

别崇拜刘伯承元帅，希望能够成为像他那样的人，上战场杀敌，保家卫国。于是在20岁的时候，肖家喜便积极地参军，成为了一名解放军战士。入伍后他刻苦训练，多次成为队里的模范标兵。

1979年越战爆发后，肖家喜主动申请上战场。之后，他便随部队来到了越战前线。有一天，连队接到了命令，要派一支小部队到敌后执行任务。连长知道这是九死一生，所以在抽调人员时，先召集全连开会，询问有没有主动报名的。在连长说出任务后，肖家喜没有多想，第一个站出来报名。在肖家喜的带动下，几个士兵也迅速地站了出来，于是队伍就这么凑齐了。当晚，肖家喜便和部队一起潜入越南腹地执行任务。一路上都非常地顺利，到达目的地后，任务也顺利地执行完毕，但是在返程的途中，他们遭遇到越军的重重包围，为了让部队顺利地撤退，肖家喜主动提出负责掩护。在他的掩护下，部队顺利地撤退。但不幸的是，在掩护的过程中，肖家喜的右臀部中弹，之后他和部队失去了联系。部队回到驻地后，等了几天，依旧不见肖家喜归队，大家都以为他牺牲了。可让战友们想不到的是，此时的肖家喜还在同越军艰苦地战斗。他机智地引开了敌人，躲到一处山洞里靠吃野菜生存下来，昼伏夜出，靠北斗星的指引突围，向着祖国的方向爬行……

肖家喜一天也爬不了多远。有的时候一天要疼晕过去好几次，但每一次醒过来，肖家喜都继续地向前爬。就是在这样恶劣的生存条件下，他身上的一支半自动步枪、一枚手榴弹和300发子弹等武器装备一件未丢。经过九天八夜，肖家喜终于爬到了国门。之后，肖家喜被紧急地送往了医院。肖家喜的事迹被传开，他的遭遇连医生都说，这是生理上难以解释的奇迹。后来很多人去医院看他，而战士们更是把他的那把鱼腥草种在了花盆里，拿去医院送给他。有记者采访他，问他是什么支撑着他爬了这么多天也要爬回来。肖家喜说：宁做中国鬼，不做他乡魂，一想到祖国，浑身就有了力量，只要还有一口气，我就一定要回到伟大的祖国。之后，肖家喜被部队授予一等功臣，中央军委更是授予他“钢铁战士”的荣誉称号。[1]

钢铁战士肖家喜在自卫还击作战中表现的是什么精神？是高度的爱国主义精神，是一不怕苦、二不怕死的革命英雄主义精神！后来，肖家喜升任副连长、副指导员、副旅长，2004年转业到地方工作，直到退休，过上安稳幸福的晚年生活。他说：“国

[1]《钢铁战士肖家喜：身负重伤爬九天八夜，终于爬回到祖国的怀抱》，抖音号（40946877878）。

家太平，才是人民之福。”只有国家这个大家太平安全了，无数个小家才能得以乐享安宁。

只有国家这个大家太平安全了，无数个小家才能得以乐享安宁。

（二）把实现个人梦、家庭梦融入国家梦、民族梦之中。“我的祖国，是唐诗里的江枫渔火，点缀着生命的起伏韵仄。我的祖国，是宋词里的千里烟波，涤荡着世代风流的诗意中国。”[1]一首《行走山河》的诗歌，经主持人激情澎湃的朗诵，配上音乐画面，视频赢得了10万+的点赞，充分说明祖国在中国人心中不可替代的地位。

1916年3月14日是一个阴天。这天陈昌早早就起了床，迈步来到户外，面对空旷的校园深深地吸了一口新鲜空气，透过操场边的小树林，他的目光落到了更远处的苍茫。今天他要给全班同学上地理课，他在心里早有了作一场激情演讲的准备。上课的钟声响

[1]《行走山河》，碑林路人诗，樾月朗诵。

了，他面对全班50多位学生渴望知识的眼神，仿佛又回到了自己在一师读书时，每天清晨跑到离学校不远的湘江边猴子石旁，面对滚滚波涛练习演讲时那种激情澎湃的样子。他指着黑板上悬挂的中华民国地图，深情地说："同学们，你们看，我们中国的地图整个形状像什么呢？"几乎所有的同学都异口同声地说像一只大公鸡。他说："对呀，它就像一只昂首东方的雄鸡啊！可是今天它头上被蜈蚣虫咬了一口呢。""同学们：中国雄踞亚洲之东南，土地完整、膏腴，罕有能比。诚世界大国也！然自清道光以来，外交失败，丧师割地，时有所闻。如安南入于法，缅甸入于英，朝鲜入于日。东三省已在日人之势力范围，蒙古又在俄人之掌握。他若旅大割，我国失亚东第一之军港；香港让，我国失欧亚冲要之商场。环顾中原，强邻虎视，非独撤我藩篱。近且蚕食腹地，势不裂而吞之不已。诸生观此，能不痛心？倘志沙场，誓图恢复！山河依旧，不难一一收回。庶可以绍祖先之丕烈，洒百年之奇耻也！故与诸生共勉之。"[1]陈昌老师越讲越激动，他坚定地挥舞着拳头，眼里闪着因腐败当局丢失国土而痛心不已的隐忍泪光，转而又语调高扬，慷慨激昂，使他的学生听后群情振

[1]唐学雷编著：《陈昌：杰出的宣传鼓动家》，中共浏阳市委宣传部、中共浏阳市委党史研究室编印，2021年11月第1版，第17—19页。

奋。他的演讲获得全班同学的阵阵掌声，在他们心里早已播下了爱国情、报国志的种子。

陈昌（1894—1930）是中国共产党早期思政育人的先驱，毛泽东的同学和战友，杰出的宣传鼓动家。为革命牺牲时，他的三个女儿陈云、陈雪华、陈文新分别只有12岁、8岁、3岁。他希望妻子毛秉琴将她们好好抚养成人，继承父志。新中国成立后，毛泽东曾两次接见陈昌的小女儿陈文新，充满深情地对她说："你父亲是个好同志，他为人民牺牲了自己的生命。"毛泽东也多次亲笔回复陈家姊妹的来信，他写道："希望你们姊妹们努力学习或工作，继承你父亲的遗志，为人民国家的建设服务。"他勉励她们进步并照顾好母亲，并总是深情地问候她们的母亲好，还汇去300元以作生活补助。20世纪50年代，陈文新被派到苏联留学，回国后任中国农业大学教授、博士生导师，一直从事土壤微生物学与细菌分类学研究，成为杰出的农业科学家，2001年当选为中国科学院院士。

人民英雄纪念碑正面镌刻着毛泽东同志的题词"人民英雄永垂不朽"，背面是周恩来同志书写的、中国人民政治协商会议第一届全体会议通过的碑文："三年以来，在人民解放战争和人民革命中牺牲的人民英雄们永垂不朽！三十年以来，在人民解放战争和人民革命中牺牲的人民英雄们永垂不朽！由此上溯到一千八百四十年，从那时起，为了反对内外敌人，争取民族独立和人民自由幸福，在历次斗争中牺牲的人民英雄们永垂不朽！”它包括三层含义：就是分别对三年解放战争时期，为了最后摧毁国民党反动统治而牺牲的英雄们，1919年“五四”运动至1949年新中国成立这整个新民主主义革命阶段中牺牲的人民英雄们，以及从1840年鸦片战争起，一百多年来在反帝反封建斗争中牺牲的人民英雄们，表示永远的纪念。因为，中华人民共和国的成立是他们英勇斗争的胜利果实，他们虽然牺牲了，但是他们的斗争精神和丰功伟绩千秋永照，万古长存。

我们要学习人民英雄们为了民族独立和人民解放，抛头颅、洒热血，前赴后继，英勇奋战，不怕牺牲，把实现个人梦、家庭梦融入国家梦、民族梦之中。在社会主义建设

我们要学习人民英雄们为了民族独立和人民解放，抛头颅、洒热血，前赴后继，英勇奋战，不怕牺牲，把实现个人梦、家庭梦融入国家梦、民族梦之中。

和改革时期，特别是进入中国特色社会主义新时代，更应该以革命先辈为榜样，传承热爱祖国、心忧天下的传统美德，弘扬浴血奋战、振兴中华的民族精神，发扬艰苦奋斗、廉洁奉公的良好家风。

（三）把建设家庭与建设社会、建设国家结合起来。共建共享是社会主义家庭文明新风尚的重要内容之一，是在中国共产党的领导下，逐步形成党委领导、政府主导、社会参与、齐抓共管的家庭建设机制，同时家庭建设的成果由全社会共享。它是中国特色社会主义新时代家庭建设的重要原则。家庭是个体与社会沟通的桥梁与纽带，原生家庭是个体发展之基，家庭文化是社会之魂，家庭建设在社会文化价值中具有不可替代的基础性作用。新时代家庭建设是一项基础社会建设和系统工程，需要各级各部门及组织的积极参与，动员全员参加。对于每一个家庭来说，家庭建设事务与国家、民族、社会息

家庭文化是社会之魂，家庭建设在社会文化价值中具有不可替代的基础性作用。

息相关，是整个社会建设特别是文明建设的重要组成部分，建设好每个家庭是每个公民的责任和义务。

毛泽东、周恩来、朱德、刘少奇等老一辈革命家都高度重视家风建设，在培育良好家风方面为我们作出了榜样。他们的事迹十分感人，从一些平凡的小事上体现了共产党人艰苦奋斗、廉洁奉公的人民公仆本色。新中国成立之初，中央人民政府主席毛泽东就给自己定下三条原则：念亲，但不为亲徇私；念旧，但不为旧谋利；济亲，但不以公济私。

在江苏省淮安市周恩来故居举行的《周恩来家世家风图片展》，《十条家规》格外醒目：一、晚辈不能丢下工作专程进京看望他，只能在出差路过时才可以去看看。二、外地亲属进京看望他，一律住国务院招待所，住宿费由他支付。三、一律到国务院机关食堂排队就餐，有工作的自付伙食费，没工作的由他代付。四、看戏以家属身份购票入场，不得享用招待券。五、不许请客送礼。六、不许动用公车。七、凡个人生活中自己能做的事，不要别人代劳，自我服务。八、生活要艰苦朴素。九、在任何场合都不能说出与他的关系，不要炫耀自己。十、不谋私利，不搞特殊化。这“十条家规”是时任国务院总理周恩来与其亲属在相处的点点滴滴中归纳总结出来的。他对亲属教育十分严格，从没有利用自己的权力为自己或亲朋好友谋过半点私利，谆谆教导晚辈，要否定封建的亲属关系，要有自信力和自信心，要不靠关系自己奋起，做人生之路的开拓者。

全国抗日战争爆发后，时任八路军总司令朱德在给亲人的家书中说："我虽老已五十二岁，身体尚健，为国为民族求生存，决心抛弃一切，一心杀敌。""那些望升官发财之人决不宜来我处，如欲爱国牺牲一切能吃劳苦之人无妨多来。"

曾任国家主席的刘少奇教育子女不能搞特殊化、不能脱离群众，要求身边工作人员不请客、不迎送，不准向地方提任何要求和接受任何礼物。他还对自己子女说："爸爸是人民的儿子。你们也一定要做人民的好儿女，永远跟着党，永远为人民。"

电影《我和我的祖国》，通过《前夜》《相遇》《夺冠》《回归》《北京你好》《白昼流星》和《护航》七个历史瞬间和动人故事，讲述了新中国成立70年间普通百姓与共和国息息相关，聚焦小人物，彰显大情怀。电影《我和我的家乡》，通过《北京好人》《天上掉下个UFO》《最后一课》《回乡之路》《神笔马亮》五个故事单元，讲述了发生在中国东、西、南、北、中五大地域的家乡故事。两片皆获得了观众的高度评价，主要是老百姓小人物浓浓的家国情怀激荡在观众的心中，引起了爱每当我们唱起《我和我的祖国》这首歌时，那优美、嘹亮、悠扬的旋律像大海的波涛一样，激起我们心中的对祖国永远的热爱与依恋。

国、爱乡、爱家的共鸣。同样，每当我们唱起《我和我的祖国》这首歌时，那优美、嘹亮、悠扬的旋律像大海的波涛一样，激起我们心中的对祖国永远的热爱与依恋。

在中国人的心目中，家与国从来就是统一的，在家尽孝、为国尽忠是中华民族的优良传统。在强国建设和民族复兴的新征途上，我们要在全社会大力弘扬以家庭家教家风建设为主要内容的中华优秀传统美德，弘扬家国情怀，提倡爱家爱国相统一，努力使千千万万个家庭成为国家发展、民族进步、社会和谐的重要基点，把实现个人梦、家庭梦融入国家梦、民族梦之中，汇聚起全面建设社会主义现代化国家、实现中华民族伟大复兴中国梦的磅礴力量。

传承好家风

第二编

中华传统好家风集萃

“家文化”是中华文明区别于其他文明的一个重要特点，在中华民族和中国文化中占有特别重要的地位。“由家族到国家，国家混合在家族里面”是我国古代社会的典型特点。这与中华民族自古以农立国有关：农业生产方式的特点让家庭成为了社会的基本单位，而家与家之间主要靠宗族关系联系在一起，形成“聚族而居”的村庄，再由不同的村庄构成了国家和社会。因而，重视家庭和家族成为了中国文化的历史必然。钱穆先生在比较中西文化时就说：“中国人的家庭，实即中国人的教堂。”

在中国家庭这一“教堂”中，千百代千万个家庭结合祖辈和自己对人生的认知、对社会的感悟，以及对子女的厚爱、对后辈的期许，纷纷以家书、家规、家训等各种方式，教导家族和家庭子女读书、修身、处世、治家、善待亲族邻里等，因其引导性和约束性并存，这些内容对全社会实现修身齐家治国平天下等理论都起到了重要作用，形成了中华民族和中国人的独特秉性。

第一节 历代名人话家风

传统家风的形成和光大，是在中国人历代家族的传承中形成的，萌芽于五帝时代，产生于西周，成型于两汉，成熟于隋唐，繁荣于宋元，明清时达到鼎盛并由盛转衰。据统计，从公元550年的北齐开始，到1949年的民国为止，这约1400年间，我国关于家风的专著有120多部，其中有被誉为“古今家训之祖”的北齐颜之推的《颜氏家训》，北宋司马光的《温公家范》，清朝朱柏庐的《治家格言》，等等。这些著作中，一封封家书体现了家庭成员间的温情，一句句家训传承着做人做事的道理，一个个家教故事阐述着教育的方法和途径。

一、历代家书

有忧则恐惧敬事，敬事则必有善功而福至也。

——〔西汉〕刘向《诫子歆书》

人只要有了忧患意识，就会诚惶诚恐地以敬畏之心去做事，也会把事情做到最好的结果，幸福自然随之而来了。

注释：人只要有了忧患意识，就会诚惶诚恐地以敬畏之心去做事，也会把事情做到最好的结果，幸福自然随之而来了。

延伸阅读：这是刘向（约前77—前6）写给儿子刘歆（？—3）的信中所言，告诫儿子在顺境之中一定不要安于享受丢掉敬畏之心，反映了刘向的处世观。刘歆是中国史上少有的通才，是西汉末年经学家、目录学家，著有中国第一部完整记载于史籍的历法书《三统历谱》，所造的圆柱形标准量器所用圆周率为3.1547，他的成就与所受的良好家教不无关系。

好议论人长短，妄是非正法，此吾所大恶也，宁死不愿闻子孙有此行也。

——〔东汉〕马援《诫兄子严敦书》

注释：我最深恶痛绝的是喜欢议论别人的长短、喜欢胡乱评论国家政治法令等大事的行为，我告诉你们，我宁愿死去也不愿意子孙有这样的行为。

延伸阅读：这是马援针对其兄长马余之子马严、马敦好议论人是非、好结交轻薄侠客的行为，专门写信教育他们慎言慎行，在情深意切中包含着对侄子们的深切厚爱和殷切期望。

性刚才拙，与物多忤。自量为己，必贻俗患，黾俛辞世，使汝等幼而饥寒。

——〔东晋〕陶渊明《与子俨等疏》

注释：我这个人性格刚烈又缺少才能，更不会讨好取巧他人，很难融入官场世俗中。我自己很清楚，此种性情如果留在官场一定会有祸。因而我辞官过上了隐居生活，但却使你们从小就要忍受饥饿和寒冷。

延伸阅读：陶渊明五十多岁时生了一场大病，自感不久于世，就给五个儿子写下来这封带有遗嘱性质的家信。信中没有了他作为田园诗人“悠然见南山”的怡然自得，而是解释了自己归隐的原因，并向儿子们表达了因归隐而致家贫的愧疚之情，反映了一个父亲的舐犊之情。

千古圣贤，不能免生死，不能管后事，一身从无中来却归无中去，谁是亲疏？谁能主宰？既无奈何即放心逍遥，任委来往。

——〔北宋〕范仲淹《与中舍书》

注释：自古以来，圣人贤士都避免不了生死，都顾及不了身后事，每一个人都是赤条条来到这个世间又都赤条条离开这个世间，谁是亲近的人？谁是疏远的人？谁又能主宰这一切？既然是这样，不如放下心中的牵挂逍遥自在，一切顺其自然。

延伸阅读：这是范仲淹（989—1052）写给三哥范仲温的信。范仲温时任太子中舍，因患病时有“忧家及顾及儿女”的思想包袱，范仲淹主动关心三哥的病情，特意写信劝导，更从生命哲学的高度谈及人的生死，表现了一个政治家对待疾病的豁达，对待生死的乐观。

汝于官下宜守廉，何得买官下物？吾在官所，除饮食物外，不曾买一物。汝可安此为戒也！

——〔北宋〕欧阳修《与十二侄》

注释：你一定要保持廉洁，怎么能在自己任职的地方购买管辖范围内出产的物品呢？我在自己管辖的地方，除去吃喝用的物品外，其他的物品一样也不曾买过。你一定要引以为戒啊！

延伸阅读：这是欧阳修（1007—1072）写给十二侄子欧阳通理的信，针对侄子想给他买些朱砂，他一方面表示自己不缺少这些东西，另一方面借此告诫侄子一定要廉洁奉公，这种廉洁从政观在今天仍然值得大力提倡、推广。

虽然不应举，以某计之，今应举者未必及第，未必不困穷，更请斟酌。此人但恐久远非终困穷者也。

——〔北宋〕王安石《与吴司录议王逢原婚事书》

注释：在我看来，不能用是否参加科举考试来判断一个人是否贫穷：参加科举考试的人不一定能考中，即使考中了也不一定不困乏贫穷。请您再三考虑这桩婚事。从长远来看，这个人不会一直贫困下去的。

延伸阅读：这是王安石（1021—1086）劝二舅哥吴司录答应将其妹妹许配给布衣书生王令的信。王安石开导二舅哥要重视王令的才学品德，不要被当下的条件所限。此后不久，吴司录终于应允了这门亲事。这封信反映了王安石的婚姻观：注重人品，不讲门第、地位，是一种开明的进步思想。

无以小财为争，无以小事为仇。

——〔北宋〕黄庭坚《家诫》

不要因为一些小利益与别人产生争执，不要因为一些小事情与别人结下仇怨。

注释：不要因为一些小利益与别人产生争执，不要因为一些小事情与别人结下仇怨。

延伸阅读：这是黄庭坚（1045—1105）

五十岁时给年仅十岁的幼子黄相所写的《家诫》，通过自己观察的事例告诉儿子家族盛衰的道理：家庭内部和睦齐心则兴盛，人心不和则衰败，希望儿子保持家族的亲厚和睦之风，子孙们能显荣昌盛。

吾以备位将相，义不得不殉国……《礼》："狐死正丘首。"吾虽死万里之外，岂顷刻而忘南向哉！

——〔南宋〕文天祥《狱中家书》

注释：我位居宋朝将相的位置，从道义上必须为国献身……《礼记》说："狐狸死的时候，一定要把头向着巢穴所在的山丘。"我虽然死在万里之外，也不会有片刻的时光忘记向着家乡所在的南方！

延伸阅读：这是南宋灭亡后，文天祥（1236—1283）在狱中写给继子文升的家书。文天祥先后拒绝了前宋丞相留梦炎、已受元朝封为瀛国公的宋恭帝的劝降。临刑前，文天祥曾问围观的百姓，南方在哪个方向，然后面向南方再拜而从容就义。

前有千古，后有百世。广延九州，旁及四夷。何所羁络？何所拘执？

——〔明〕王夫之《示子侄书》

做人一定要把胸襟眼界打开，从时间来看，在我之前有千古之久，在我之后有百世之远。从地域来看，更是扩充到整个天下，涉及四方之边鄙那么远。我又何必有什么局限和牵制呢？

注释：做人一定要把胸襟眼界打开，从时间来看，在我之前有千古之久，在我之后有百世之远。从地域来看，更是扩充到整个天下，涉及四方之边鄙那么远。我又何必有什么局限和牵制呢？

延伸阅读：这封王夫之（1619—1692）写给子侄的信，教育他们做人不能太过拘束，要革除不良习气，为人要洒脱恢宏，安详和顺，心中坦然无愧，这样的人品自会如光芒照耀天际、如花香遍及大地，能够享高寿、致吉祥。

马吊淫巧，众恶之门；纸牌入手，非吾子孙。

——〔清〕张英

〔清〕 胡锡珪 《教子图》

注释：马吊纸牌是一种设计精巧的邪淫之物，聪明的人一旦投入其中就会立即被它迷惑，不知返回正常状态，因而它是通向各种罪恶的门径。我的后辈中，只要玩耍马吊纸牌的，就不能算是我张家的子孙。

延伸阅读：这是清朝大学士张英（1637—1708）刻在一枚印章上的话。当时，他在京师为官，儿子张廷玉住在桐城乡里。张英要求儿子写家信禀报时，必须在信的末尾盖上这枚印章，以时刻提醒警示教育晚辈。张廷玉恭敬地接受了父亲的教诲，终生都没有玩过马吊纸牌（据胡適先生考证，麻将就是由马吊纸牌演变而来的）。

大儿在京，闻睡时甚迟，交友犹多，未知染此癖否？当驰函痛戒之。

——〔清〕林则徐《复郑夫人书》

注释：我们的大儿子现在京城，但听说他现在睡得很晚，交的朋友也三教九流，不知道他会不会染上吸食鸦片这个癖好？应该尽快去信严厉劝诫他。

延伸阅读：这是林则徐（1785—1850）写给夫人的信。此时，正值林则徐任钦差大臣初到广州查禁鸦片，听闻大儿子的情况，对其极为担心，生怕他染上烟癖。表现了他为国禁烟的同时，也心系自己的子弟，对他们既爱护又严格要求的态度。

果能日日留心，则一日有一日之长进；事事留心，则一事有一事之长进。由此累积，何患学业才识不能及人邪！

——〔清〕左宗棠《与陶少云书》

注释：如果能做到每天都留心，就会天天有长进；如果能做到每件事都留心，就会经一事长一智。这样长年累积下来，就不怕学业、才能、知识赶不上别人啦！

延伸阅读：这是左宗棠（1812—1885）写给女婿陶少云的家书，教育后辈既要努力做好当前的事情，也要多动脑筋，做个留心人，这样才能每一天有一天的进步，每一事有一事的收获。虽是口语化的语言却语重心长，引人深思。

二、历代家训

显誉成于僚友，德行立于己志。

——〔东汉〕郑玄《诫子益恩书》

良好的名声往往是靠志同道合的朋友们促进的，但树立崇高的道德品行却全要靠自己的志向。

注释：良好的名声往往是靠志同道合的朋友们促进的，但树立崇高的道德品行却全要靠自己的志向。

延伸阅读：郑玄是汉代经学的集大成者，这是他七十岁身染重病时，以自己的亲身经历为主给独子郑益恩写下的，希望把自己不慕虚荣、不计名利、自得其乐的人生观和操守传承给儿子。并一再告诉儿子既要有高尚的品行，也要对学业有持之以恒的钻研精神。

非淡泊无以明志，非宁静无以致远。

——〔三国〕诸葛亮《诫子书》

注释：如果内心不能做到恬淡从容、清心寡欲，就没有办法明确自己远大的目标；如果不能有效排除外界的干扰集中精神、专心致志，就没有办法成就自己远大的目标。

延伸阅读： 这是诸葛亮写给当时八岁的儿子诸葛瞻的话，后成为至理名言流传千古。他教育儿子不能对功名利禄有过重的欲望，否则心就无法宁静，心不静则必然导致求学效果不佳。只有要做到“静”与“俭”的结合，才能成为一个品行高尚的人：在品德修养上必须做到“俭”，而“非淡泊无以明志”就是“俭”的结果；在修身上必须做到“静”，而“非宁静无以致远”则是“静”的结果。

不须作小小卑恭，当大谦裕；不须作小小廉耻，当全大让。

——〔三国〕嵇康《家诫》

注释： 在为人处世事方面，没必要在小的方面卑躬谦让，要在大的方面做到谦让大度；不需要去计较小廉小耻，而应当保全大节。

延伸阅读： 这是嵇康自己一生为人处世的总结，希望儿子在当时的乱世之中，能游刃有余地处理人际关系，以达到远离灾祸、保全自己的目的。嵇康对儿子的教育还包括以下内容：与自己的上级保持一定的距离，尽量不接受别人的请托，说话一定要谨慎，不轻易接受别人的礼物，不劝人喝酒，等等。

先祖靖侯戒子侄曰：“汝家书生门户，世无富贵；自今仕宦不可过二千石，婚姻勿贪势家。”

——〔北齐〕颜之推《颜氏家训》

注释：祖先靖侯告诉子孙后辈：“你们家是书香门第，历年来都没有大富大贵的，从现在起当官的不可以当到二千石以上的大官，婚姻嫁娶不要攀附权势显赫的家族。”

延伸阅读：《颜氏家训》在我国的家庭教育史上影响巨大，享有“古今家训，以此为祖”的美誉。这是颜之推引用其五世祖靖侯的话告诫家人，人的欲望没有穷尽，只有加以限制减少欲望，知道适可而止才能长久平安。

忍痛伤心，折一指足以保一门，所全者大，故不隐也。

——〔唐〕李恕《戒子拾遗》

注释：凡是子孙参与赌博，浪荡家产的，就砍下一根手指头，以制约子孙辈任性挥霍，保全整个家族，所以明确写进家规，毫不隐讳。

延伸阅读：这是唐中宗时期一个叫李恕的县令，在他家《戒子拾遗》中的规定。这确实很残忍，也违背人道，还侵犯人权。但李恕在此强调，一定要守之以法，才能保全整个家族的延续。当然，砍手指头这种行为今天肯定不行了，是严重的违法行为。

后世子孙仕宦，有犯赃滥者，不得放归本家，亡殁之后，不得葬于大茔之中。不从吾志，非吾子孙。

——〔北宋〕包拯《包孝肃公家训》

注释：在做官的后代子孙中，如果犯有贪污财物等违法行为的人，一律不允许回到包家，死了之后，也一律不允许葬在祖坟中。不遵守我廉洁从政、大公无私的志愿和要求的，就不是我的子孙后代。

延伸阅读：包拯是中国古代执法不阿的典范，一生为人正直、不贪图功名利禄，他也以此要求子孙后代，还吩咐家人把《家训》刻在石碑上，竖立在堂屋东壁，警诫后人。其凛然正气和清廉之风，时时教化着子孙后代。

若有因循，今日姑待明日，则废事损业，不觉不知，而家道日耗矣。

——〔南宋〕叶梦得《石林治生家训要略》

如果耽误了，把今天该做的事情拖延到明天去做，就会误事损害家业，家道就会在不知不觉间慢慢走向衰败。

注释：如果耽误了，把今天该做的事情拖延到明天去做，就会误事损害家业，家道就会在不知不觉间慢慢走向衰败。

延伸阅读：这是叶氏家族的治家典范，此篇强调了“治生”的重要性，认为如果不管理生计，人就不可能生存。他提出了“勤、俭、耐久、和气”四个具体的治生之法：勤劳，是发家的基本要素；俭朴，是守家之本；凡事不能急功近利，要耐久坚持，这是家庭富裕之道；和气礼让，可以避免不必要的争讼和矛盾。

富贵乃命分偶然，岂宜以此骄傲乡曲？

——〔南宋〕袁采《袁氏世范》

注释：人是否富贵，是命运中极其偶然的事情，怎么能因为富贵了就在乡亲众邻面前骄傲自大呢？

延伸阅读：《袁氏世范》是袁采以“厚人伦而美习俗”的宗旨撰写的家训，在许多方面都将古代的家庭教育内容和方法提升到了一个新的高度。他认为，原来清贫的人家通过努力发家致富或成为高官显宦，虽然值得称赞，但不能张狂招摇；如果是继承祖先的遗产而过上富足的生活，更与普通人没有区别，更不值得炫耀。

凡有必不可已的事，即宜自身出，斯可以了得。

——〔明〕姚舜牧《药言》

注释：凡是遇到必须处理的事情，就应当挺身而出，这样才能把事情处理好。

延伸阅读：姚舜牧深受程朱理学的影响，劝诫子孙一定要正直、有担当，认为遇事就躲起来只会使别人认为你懦弱，从此以后就会被人欺负、敲诈，而必须要处理的事情也会拖下去没有结果。“头也害怕尾也害怕，留下的身子还能剩多少不害怕呢？”

黎明即起，洒扫庭除，要内外整洁。既昏便息，关锁门户，必亲自检点。

——〔明末清初〕朱柏庐《朱子家训》

注释：天刚刚亮的时候，就要起床洒水打扫庭院，做到里里外外都干净整洁；天刚刚黑的时候就要休息，关好门窗并一一亲自查看，不要有疏忽遗漏。

延伸阅读：朱柏庐所著的《朱子家训》继承了中国传统文化的优秀特点，全篇仅524字，却精辟地阐明了修身治家之道，是我国的家教名著。这是《朱子家训》的第一句，以一天的作息规律和居住环境的整洁来确定行为规范，由小见大，从生活习惯的养成来教导子孙做人做事的道理，语言平白精练。《朱子家训》自问世以来就流传甚广，被历代士大夫尊为“治家之经”，在清至民国年间一度成为童蒙必读课本之一。

人能知富之为累，则取之当廉，而不必厚积以招怨；视之当淡，而不必深忮以累心。

——〔清〕张英《聪训斋语》

注释：一个人如果懂得财富会带来很多劳累，在获取财富的时候就会保持清廉，而不必因为积攒财富招致别人的怨恨；同样，一个人如果把财富看轻看淡了，就不会因为深深嫉妒别人而让自己身心疲倦。

一个人如果把财富看轻看淡了，就不会因为深深嫉妒别人而让自己身心疲倦。

延伸阅读：张英在《聪训斋语》引用了佛教的观点，认为个人的财富其实是国家、官吏、水火、盗贼、不肖子孙五家的共有物品，会不可避免地带来别人的怨恨与诈骗、经商的官司与亏损等种种劳累。所以，正确的财富观应该是微薄取利、谨慎储藏、生活节俭、待人宽容。值得一提的是，张英子孙人才辈出，其六子中有五子高中进士，孙子辈中有三人入清廷内阁，张英、张廷玉更并称为“父子宰相”。

君子但知有悔耳。悔者，所以守其缺而不敢求全也。小人则时时求全；全者既得，而吝与凶随之矣。

——〔清〕曾国藩《致温弟沅弟》

真正的君子，都懂得时时警醒自己不能过于追求圆满，时刻保持在有所欠缺的状态。修养不够的人则时时想要求得圆满，结果往往是圆满得到了，但小的偏失和凶险之事也就随之而来啦。

注释：真正的君子，都懂得时时警醒自己不能过于追求圆满，时刻保持在有所欠缺的状态。修养不够的人则时时想要求得圆满，结果往往是圆满得到了，但小的偏失和凶险之事也就随之而来啦。

延伸阅读：人生在世不可能没有缺陷，曾国藩深谙其道，“求缺”就是他的人生哲学之一。他把在北京的房子名为“求阙斋”，就是想以其他方面的欠缺，来求取家中祖父母、父母的齐全。在一生中，他保持着家中的旧债不能够全还清、家人的衣服不能够多置办、家人的需求不能够全满足的状态，时刻警醒接近“圆满”后会引来偏失和凶险之事。

三、历代家教

积善之家，必有余庆；积不善之家，必有余殃。

——《周易》

注释：一个注重积累善事的家庭，就必定会喜事连连；而一个积累恶事的家庭，就会祸殃不断。

延伸阅读：古代把家庭和个人道德品性的修养摆在首位。这句话谈的就是道德和幸福的关系，并把道德实践的结果放在整个家庭的维度上来看，所以个人可能并没有因为道德带来利好，但这会给他的整个家庭带来善报，如他的子孙会因为道德的熏陶和影响，自身得到良好的成长，从而最终受益。

里仁为美。择不处仁，焉得知。

——孔子《论语》

注释：与仁者比邻而居，是一件美好的事情。如果不选择在仁德淳厚的地方居住，怎么能说是明智的呢？

延伸阅读：我国历来非常重视良好环境对人成长成才的重要

性。孔子认为，一个人成长环境的优劣对他的发展起着难以代替的作用，比邻而居能让人处仁得仁、处善得善、处雅得雅。流传甚广的“孟母三迁”的故事，就是强调生存环境、教育环境的典型。鲁迅也曾经说，未有天才之前，先要有培育天才的土壤。

君子之爱人也以德，细人之爱人也以姑息。

——《礼记》

君子对子女的爱，是以德教化的慈爱；小人对子女的爱，是姑息迁就的溺爱。慈爱与溺爱之间只有一步之遥，但结果却千差万别。

注释：君子对子女的爱，是以德教化的慈爱；小人对子女的爱，是姑息迁就的溺爱。慈爱与溺爱之间只有一步之遥，但结果却千差万别。

延伸阅读：这是《礼记·檀弓》中记载的曾子教子时说的话。清晰地认识到爱子女的方式，是父母成功教育子女的第一步，我们一定要区分和警醒自己是以慈爱还是溺爱的方式在爱子女。

且夫孝始于事亲，中于事君，终于立身。扬名于后世，以显父母，此孝之大者。

——〔西汉〕司马谈《命子迁》

注释：尽孝是从侍奉父母开始的，然后是侍奉好君主，最后是自己能够立身扬名。做到了这一点，就能光宗耀祖，让父母的脸上有光，这就是最大的孝。

延伸阅读：司马谈是司马迁的父亲，他临终叮嘱儿子一定要完成续写《史记》的历史重任。后来司马迁在《报任少卿书》中，也透露了正是由于父亲家训的强大激励、鞭策，以及对历史、对现实、对未来高度负责的敬业精神的感召，才使其虽蒙受世间最大的不幸和耻辱，却能置个人生死、荣辱于度外，完成了《史记》这部旷世之作，为我们留下了一份无比珍贵的精神财富。

古者，圣王有胎教之法：怀子三月，出居别宫，目不邪视，耳不妄听，音声滋味，以礼节之。

——〔北齐〕颜之推《颜氏家训》

注释：在古代，贤明的君王有所谓的胎教之法：女子怀孕三个月时，就迁居到别的宫殿居住，眼睛不看邪恶的东西，耳朵不听驳杂的音乐，嘴里不说脏话恶语，从各个方面与恶性的事物绝缘，音乐、饮食等都按礼节加以节制。

延伸阅读：这里说的是中国最早的胎教故事：周文王的母亲叫大任，在怀孕后就格外注重自己的居住环境和生活习惯，而这一切对周文王后来的成长起到重要作用。这一事例记录在《列女传·母仪传》中，被后人视为胎教的典范。

为人母者，不患不慈，患于知爱而不知教也。

——〔北宋〕司马光《温公家范》

做母亲的人，不用担心自己对孩子的爱不够，要担心自己只知道爱孩子而不知道教育孩子。

注释：做母亲的人，不用担心自己对孩子的爱不够，要担心自己只知道爱孩子而不知道教育孩子。

延伸阅读：中国传统文化历来重视母教。“孟母三迁”“岳母刺字”就是母教的典范故事。而“慈母败子”说的则是只知道溺爱不知道教育的母亲最终会毁坏孩子的人生。从古至今由溺爱变坏的孩子比比皆是，甚至最终沦为大恶之人，引起祸乱，自取灭亡。

忠厚传家久，诗书继世长

——〔北宋〕苏轼《三槐堂铭》

注释：具有忠厚实诚的品质，能不断学习、饱读诗书，这样的家族才会繁荣兴旺，长久不衰，才能像诗和书那样在世间长久流传、经久不灭。

具有忠厚实诚的品质，能不断学习、饱读诗书，这样的家族才会繁荣兴旺，长久不衰，才能像诗和书那样在世间长久流传、经久不灭。

延伸阅读：这句话常常以楹联或对联的形式出现于居家的门厅中，是中国大多数家族推崇的经典家训之一，所强调的忠厚思想和读书传统，无时无刻不对人们的心灵进行着潜移默化的启迪、规范、教化和塑造。

读书起家之本，循理保家之本，和顺齐家之本，勤俭治家之本。

——〔南宋〕朱熹碑拓

注释：读书是兴家立业的根本，遵循天理是保持家业平稳和传承下去的根本，和谐顺从、和睦相处是整治家业的根本，勤劳与节俭是管理家业的根本。

延伸阅读：读书是朱门家风，朱熹在读书的同时也重视著书，一生著述甚丰。朱熹的居家“四本”说继承了其父和其祖父的家风传统，也与其《家训》《家政》等治家思想完全一致，更是他一生践行治家思想的写照，思想深刻而又切实可行，流传至今仍具有强烈的现实意义。

为家长者当以至诚待下，一言不可妄发，一行不可妄为。

——〔元〕郑太和《郑氏规范》

注释：做家长的必须以一颗真诚之心对待家人和子女，每一句话都不能乱说，每一件事都不能妄为。

延伸阅读：家教最重要的是身教与言教的并举。在一个家庭里，家长与子女朝夕相处，一举一动、一言一行对孩子都有潜在的影响，只有家长严格修身律己，才能以身作则，为孩子树立良好的榜样。否则，单纯地依靠言教而忽视身教，教育效果就会大打折扣。

能二百字者，止可授一百字。常使精神力量有余，则无厌苦之患，而有自得之美。

——〔明〕王守仁《教约》

要根据每个学生的天资个性教他识字，能学会二百字的学生，只教给他一百字就可以啦。这样就可以让儿童总是感觉到精力充沛，不会产生厌学情绪，能够自己从学习中体会到成功的乐趣。

注释：要根据每个学生的天资个性教他识字，能学会二百字的学生，只教给他一百字就可以啦。这样就可以让儿童总是感觉到精力充沛，不会产生厌学情绪，能够自己从学习中体会到成功的乐趣。

延伸阅读：《教约》体现了王阳明的教育思想。他反对种种以惩罚为手段的教育方式，认为教育必须给孩子营造一个宽松愉快的氛围，要激发儿童的乐学情绪，从积极的方面入手，顺其本性，发现和鼓励儿童的兴趣，使其在潜移默化中获得思想、情感、体魄的和谐发展。这些观念，对现在的教育仍有重大的价值。

卑幼有过，慎其所以责让之者。对众不责，愧悔不责，暮夜不责，正饮食不责，正欢庆不责，正悲忧不责，疾病不责。

——〔明〕吕坤《呻吟语》

注释：孩子们犯了错，在教育责备的时候要慎重：不在大庭广众之下责备孩子，如果孩子已为自己的过失感到惭愧后悔的时候不要再责备他，晚上睡觉前不要责备孩子，正吃饭的时候不要责备孩子，孩子特别高兴的时候不要责备他，孩子哭的时候不要责备他，孩子生病的时候不要责备他。

延伸阅读：教子也要把握好严格的尺度，这是吕坤提出的教子“七不责”的主张，告诉大家教育孩子要分场合、要注意孩子情绪等情况，否则不但不能起到应有的教育作用，反而会适得其反。

乖僻自是，悔悟必多；颓惰自甘，家道难成。

——〔明末清初〕朱柏庐《朱子家训》

注释：一个人性情古怪偏激、自以为是，就一定常常会因做错事而感到悔悟；一个人颓废懒惰、执迷不悟，就一定很难成家立业。

延伸阅读：从个人不良的行为习惯必然导致家道败坏，朱柏庐的论断体现了儒家把个人修养和家庭治理糅合在一起，认为它们都是人无所遁逃的基本伦理。梁漱溟认为，中国文化的“要领所在”就是“中国人的家”。长期以来，中国人形成了以“家”为本位的独特的经济、政治和文化结合体。

夫读书中举、中进士、作官，此是小事，第一要明理做个好人。

——〔清〕郑燮《潍县署中与舍弟墨第二书》

注释：通过读书，实现中举、中进士甚至做官的目标，其实

通过读书，实现中举、中进士甚至做官的目标，其实都是小事情，最重要的是要让孩子做一个明白道理有修养的好人。

都是小事情，最重要的是要让孩子做一个明白道理有修养的好人。

延伸阅读：清代“扬州八怪”之一郑板桥，五十二岁始得一子，却爱子有道，特别是他教育儿子的目的不是为了儿子考取功名入仕，而是要他做个品德高尚有修养的人，难能可贵。他还提到，就算在嬉戏玩耍的时候，也要注意培养孩子忠诚厚道的品质和同情心，千万不能养成刻薄急躁的毛病。

其道维何，约言之有四戒四宜：一戒晏起；二戒懒惰；三戒奢华；四戒骄傲。既守四戒，又须规以四宜：一宜勤读；二宜敬师；三宜爱众；四宜慎食。

——〔清〕纪昀《寄内子》

注释：教育子女的正确方法是什么呢？简单地说，就是“四戒四宜”：一戒早上晚起，二戒懒惰散漫，三戒奢侈豪华，四戒骄傲自满。在做到“四戒”之后，还需用“四宜”来鼓励他们：一宜勤奋读书，二宜尊敬师长，三宜善爱众生，四宜节制饮食。

延伸阅读：这是纪晓岚教育子女的八条金科玉律，他要求妻子牢牢铭记在心中，时时用这八条规范教育他们的三个儿子，并认为后代能否成功立业，全都包含在其中了。

凡家道所以可久者，不恃（shì）一时之官爵，而恃长远之家规；不恃一二人之骤发，而恃大众之维持。

——〔清〕曾国藩《曾国藩家书》

注释：凡是家道兴隆、世泽绵远的人家，凭借的不是一时的官位爵位，而是依托长远的家规；不是依靠一两个人的突然发迹，而是依靠家规凝聚人心，共同维持。

延伸阅读：曾国藩认为：祖先遗产中，最重要的不是金玉珠宝、田地美宅，甚至不

凡是家道兴隆、世泽绵远的人家，凭借的不是一时的官位爵位，而是依托长远的家规；不是依靠一两个人的突然发迹，而是依靠家规凝聚人心，共同维持。

是爵位荣誉，而是家规，只有家规才能有效调控人性和财富之间的关系，家族也才能打破魔咒，实现财产的有序积累和有效传承。只有通过特定的规则约束人性、人心，使之归于正道，这是人类文明高于其他动物种群的伟大发明，也是中华文明长盛不衰的隐形密码。

第二节　历代家风故事精选

中国传统文化经过几千年的积累和沉淀，给我们留下了丰富的历史文化遗产，而一些名人的家风家训就是其中的瑰宝。自古以来，中华民族就非常重视家庭教育、重视家风建设。在历代名人的家风家训中，蕴含了中华民族的道德精髓，涵养了中华民族的精神气质。这些宝贵的精神财富一代代传承下来，铭记在中国人的心灵中，融入中国人的血脉中。不同时代的家风文化各有特点，但其基本核心，如爱国敬业、勤俭持家、孝顺父母、诚信待人等传统美德，都是相通的。一代代中华儿女为我们树立了良好家风的典范，今天仍然值得我们大力继承和发扬。

一、以孝为先，以德立人

郯子扮鹿求乳

在春秋时期，有一个叫作郯子的人。他出生在一个普通的农民家庭，虽然家庭贫困，但父母从小就对他要求十分严格，对他的培养倾注了很多的心血。

在父母的悉心栽培下，郯子一天天地长大了，从一个青涩的少年，成长为一个强壮的小伙子。他主动挑起家庭的重担，白天下地干农活，晚上就在家洗衣做饭，他的孝顺得到了邻里的交口称赞。一家人虽然生活过得艰苦，但仍对未来充满了希望。

天有不测风云。有一天，郯子的父母双眼突然染上了一种奇怪的病，感到奇痒无比，之后又是剧烈的刺痛。郯子心急如焚，请了村里的大夫来家里给父母看病，天还没亮就起床为他们熬药。可是，父母的病情越来越严重，后来竟然双眼都失去了光明。郯子带着父母到处求医，试过了很多偏方，可父母的病情却丝毫不见起色。

郯子并没有放弃努力，他锲而不舍地到处打听，终于在外地一位名医口中求到了一个药方。这位名医告诉郯子，这个药方对于治疗眼疾有奇效，可是药引却很难弄到，因为要用鹿的乳汁来清洗眼睛，这样可以极大地减轻眼睛的疼痛。

郯子听到后，就开始绞尽脑汁去弄野鹿的乳汁。可是，要接近野鹿十分困难，只要听到一点动静、受到一点惊吓，野鹿就瞬间跑得无影无踪了，就更别说要想轻松地获得鹿乳了。

郯子日日夜夜都在想着这件事，却没有想到好办法。回忆起儿时父亲和他一起玩游戏时扮演动物的场景，看到如今父母身患眼疾的痛苦，他的眼眶湿润了。突然，他灵机一动："如果我也像小时候玩耍一样，扮作一只野鹿，化身为它们的同类，是不是就能接近它们了？"

想到这里，他二话不说就行动起来。由于父母常年患病，家里的积蓄早已被掏空。家里早已经穷得揭不开锅了，看到家里那些心爱的简牍古书，也许这还能卖一些钱。他忍痛卖掉了这些简牍古书，凑了一部分钱，到一个猎人那里买了一张鹿皮，皮上还连着野鹿的头颅。他立马把鹿皮披在身上弯下腰，再戴上鹿头，学着野鹿的样子，一时竟难以分辨，身边的路人也觉得惊奇。

郯子大喜，他回到家，收拾好衣服，带上一个盛奶的罐子，等到夜色降临，就开始了他的计划。他走了很长一段路，来到大

〔明〕 仇英 《刻子鹿乳奉亲》

山里，远远地看到鹿群在安静地吃草，他便戴上鹿头、披上鹿皮，蹑手蹑脚地靠近。他来到一只母鹿旁边，慢慢地接触它的身体，拿出准备好的罐子，轻轻地挤出新鲜的鹿乳，就像小鹿吸吮妈妈的乳汁一样。他的动作十分轻柔，生怕惊吓到了母鹿。不一会儿，他就接了满满一罐子。趁着天色未亮，盖好盖子，想要迅速离开鹿群。

就在这时，“嗖”的一支冷箭突然射到他的身边，野鹿们被吓得到处乱窜，嗷嗷大叫。原来，这是一支猎人的队伍正在打猎。郯子见状，立马拿下鹿头，大声呼喊道：“救命啊，请不要射箭！我不是鹿，我是人！”

猎人们听到声音，感到十分惊奇，这才发现是郯子假扮的野鹿。他们走进来，看到郯子脸上脏兮兮的到处是脏泥巴。郯子饥饿难耐，原来已经一天没吃东西了，顿时就晕倒了。猎人给他喂了一些食物，他才醒来，并告知了事情的经过。说起父母的病情，他恨不得立马飞奔回到家里。猎人听到他的故事，被郯子的孝心所感动，便拿出刚打的几只兔子和野鸡给他，骑马送他回到家里。

刚一到家，他就将带有余温的鹿乳倒出来，给父母清洗眼睛，还给他们一人倒了一大杯。母亲听到郯子讲述事情的经过，用颤抖的双手抚摸着她，不禁老泪纵横："我的儿子真是个孝子啊！我有这样一个孝子，死而无憾了！"

周边的邻里听说这件事后，纷纷赞扬郯子的孝心，大家都认定他是一个孝顺贤良的人，加上他本来就才智过人，很多人远道而来向他求学，接受他的教诲，就连孔子也慕名而来。后来，郯子的家乡成为了郯国，郯子被推举成为了郯国的国君。

点评： 百善孝为先。父母是我们最亲的人，我们不能只是习惯于享受他们的疼爱，也要关心他们，用心照顾他们。为人子女，只有以反哺之道，切身力行，才能成就自己的孝子之德，令父母心安。

花木兰代父从军

在北魏时期，北方的游牧民族频频进犯中原，百姓经常受到战争的摧残，生活在水深火热之中。故事的主人公花木兰就出生在亳郡谯县一个农民家里。

花木兰虽然是个女孩子，但她从小就像男孩一样承担起家庭的责任，和姐姐一起织布，换来家庭微薄的收入。木兰不仅能干针线活儿，她还跟着父亲读过一些书，喜欢骑马射箭，练就了一身好武艺。

有一天，木兰正独自在家织布，想着织完这匹布卖了可以给父亲添置一双新鞋子。突然，“咚咚咚，快开门啊！”一阵急促的敲门声传来。木兰打开门，原来是朝廷的衙役又带着任务来征兵了。“国家现在要打仗，每个家庭的成年男子都必须服兵役！你们家的男丁，限三天内到军队来报到！”说完，衙役就匆匆赶往下一站了。

由于当时国家积弱、战事频繁，许多成年男子早就已经为国家战死沙场，剩下的都是一些老弱病残妇在家。木兰仔细看着征兵帖，陷入了沉思：家里只有我和姐姐能赚点钱维持生计，弟弟都还在打酱油，父亲是家里唯一的成年男丁，却又年过半百、体弱多病，哪里还能去上阵杀敌？如果去了只怕也是生死难料。可是，三天后就要报到，这可怎么办呀……

正当木兰发愁时，父亲从外面种田回到家。看到女儿愁眉苦脸的样子，便问发生了什么事情，木兰拿出那张征兵帖，将消息告诉了父亲。父亲看到后，心里很不是滋味，想起自己年迈的身体，抹去眼角的泪水，对木兰说：“女儿啊，这征兵名册上已经有爹爹的名字，我这一去军队打仗很可能就有去无回了，家里只能靠你和姐姐了啊！”

木兰听到父亲的话，眼睛哭得通红，她认真地说：“爹爹，您年纪这么大了，实在是不能再去打仗了，干脆，就让女儿代您去服兵役吧！”

“这怎么可以？木兰，你可是女儿身啊！”父亲听到木兰这么说，感到十分内疚。

“父亲，您放心吧。您从小就教导我要热爱祖国，我也看了很多爱国英雄的故事，既然心意已决，干脆我就装扮成男子应征入伍，您就听女儿的吧！您二老好好保重，等我把敌人赶跑了，再回来孝顺你们！”

第二天，木兰就换上一身男装，到集市买来马鞍、缰绳和一匹骏马，代替父亲去军队应征。随后，她含泪挥别了父母和姐弟，独自踏上了从军的新征途。

在军队，木兰迅速适应了这里的生活。在战场上，她奋勇杀敌、英勇善战，丝毫不亚于身边的战友；在生活中，她处处小心，生怕被人发现她女扮男装的秘密。她守过边疆，驻扎在黄河边，清冷的月光映照着身上的铠甲；她去过长城，捍卫国家领土完整，听着战马和军队的厮杀声，看大雁从远处高空飞过。每到晚上想家时，她就轻轻哼唱母亲教过她的小曲。

光阴如梭，一晃十年过去了。木兰参与过大大小小的战役不计其数，为国家作出了巨大的贡献。不久，她所在的军队打了个大胜仗，她立下了赫赫战功。为了表彰她的贡献，皇帝要给她封官，还要给她一千金的赏赐。没想到，木兰既不想当官，也不需要财物，她只希望能得到一匹千里马，能尽快回到家乡，去看看离别多年的亲人，去回家孝敬父母。

家乡的亲人们得知木兰打了大胜仗，都夹道欢迎她。木兰在人群中一眼便认出了家人。当她回到熟悉的家里，看着白发苍苍的父母，触摸着他们眼角的皱纹，又想起对双亲和姐弟多年的思念，幸福的泪水流了下来。姐姐和弟弟高兴地在外杀猪宰羊，木兰回到自己的屋子换下一身戎装，穿上自己的衣服，梳妆打扮一番。当木兰走出来，同行的战友发出一阵阵惊呼："原来那个骁勇善战花木兰，竟然是美丽的女儿身啊！"

不久，花木兰女扮男装代父从军的故事就在全国上下传开了，大家都纷纷称赞她热爱国家、孝顺父母，是忠孝两全的典范。

点评：谁说女子不如男，女子也有能力上阵杀敌，报效国家。花木兰孝顺、勤劳、机智、勇敢，不图功名利禄的优秀品质值得我们学习。在当今社会，不论男孩女孩，都应该热爱祖国、发奋学习，用知识充实和武装自己，努力成为国家的栋梁之才。

二、读书报国，忠勇济世

梁启超教育子女要爱国

如果要在中国近代史评选一个“最强老爸”，这个称号非梁启超莫属。人们熟知的是那个历史教科书中推动“戊戌变法”的热血青年，那个近代中国历史上的无所不知百科全书式的学者。其实，在家庭教育方面，他的家庭也可以说是一个传奇。他出身于广东一个偏僻山村的寒素之家，不仅自身成就非凡，成为中国近现代史上的风云人物，而且教子有方，“一门三院士，九子皆才俊”更是传为佳话。

梁启超养育了九个子女，其中梁思成、梁思永、梁思礼三人为院士，其他六位也都是各自领域十分杰出的人才，他们是：诗词研究专家梁思顺、西点军校毕业的梁思忠、图书馆学家梁思庄、经济学家梁思达、社会活动家梁思懿、革命军人梁思宁。

梁启超从小受到祖父和父亲的熏陶，听他们讲述文天祥、陆秀夫、张世杰等古代忠臣义士的故事，便在心中种下了爱国的种子。他常常和子女们讨论国家大事、人生哲学，坚持给孩子们写信谈人生、谈理想，一生共留下2000多封信，其中400多封是写给子女们的。时时告诫他们德育是做人的根本，要热爱自己的祖国。有人曾怀疑梁启超政治立场多变，而他的自我评价是："我的中心思想是什么呢？就是爱国。我的一贯主张是什么呢？就是救国。"

据小儿子梁思礼回忆，有人曾经问他："你从父亲那里继承下来最宝贵的东西是什么？"梁思礼毫不犹豫地回答："爱国！"爱国是他们全体兄弟姐妹所继承下来最宝贵的遗产，他们九人有七人曾在海外学习过，个个学业优秀，凭着从小接受先进教育，掌握了扎实的专业知识，完全有能力在西方国家取得一番成就，享有较高的社会地位和物质生活条件。但他们兄弟姐妹没有一个改变国籍，个个都学成后回到祖国母亲的怀抱，满怀一腔热忱投入到国家建设中去。

长子梁思成和儿媳林徽因，于父亲病逝前一年从美国留学归来，梁思成前往东北大学任教，亲手创立了东北大学建筑系，培养了中国最早一批建筑专业人才。九一八事变后，梁思成南下北京加入中国营造学社。从1931年到1937年抗战全面爆发，梁思成与林徽因率领着中国营造学社的考察队，走遍了国内15个省、190多个县，考察测绘了2700多处中国古建筑，开始编写《中国建筑史》，为中国的建筑事业作出了巨大贡献。

抗战期间，他们在四川过着贫病交加的生活，二人疾病缠身，梁思成得了脊椎软骨硬化症，林徽因也患上了严重的肺结核，但他们仍然顽强地坚持在自己的工作岗位上。当时美国一些大学和博物馆想高薪聘请他们到美国工作并且为他们治病，都被一一拒绝了，梁思成夫妇说："我的祖国正在苦难中，我不能离开她，哪怕仅仅是暂时的……"

1930年，次子梁思永从哈佛大学考古学专业硕士毕业后，回国投身到中国的考古事业当中，并在中原大战、九一八事变、淞沪抗战的炮火中坚持科学考古，并为殷墟的系统发掘奠定了功勋。

1932年，淞沪抗战爆发，三子梁思忠从美国西点军校毕业，回国后担任十九路军炮兵上校，带领战士投身淞沪抗战，在战斗期间，由于误喝了战地上有毒的脏水，最终染病去世，年仅25岁。

四女梁思宁，在抗战中投笔从戎，毅然投奔新四军，投身革命事业。后来在1950年代，陈毅元帅有一次曾经对梁思成当面说："当时在我的部队里有两个特殊的兵，一个是梁启超的女儿，就是你妹妹（梁思宁）；另一个是章太炎的儿子。"

1949年，在新中国成立之际，从美国辛辛那提大学博士毕业的五子梁思礼，毅然放弃了留在美国的优渥条件，选择了和五姐梁思懿回国建设新中国。此后，梁思礼在艰难困苦之中，参与了新中国第一个自主设计的中近程液体地对地导弹、带自控系统的带原子弹弹头导弹等重大工程。1993年，梁思礼被评选为中国科学院院士。

优秀的子女们没有辜负父亲的期望，他们的家国大爱继续在梁氏家族传承下去，深刻影响着子孙后代。

点评：梁启超一生家国梦，他的子女们也都继承了他的爱国情怀和家风家教，在各自的领域取得了巨大的成就，为国家的发展和繁荣作出了积极的贡献。梁启超还注重因材施教、发掘孩子的兴趣，要求他们追求上进、求真务实、保持勤俭，但无论处于何种境地，爱国始终都是在第一位的。

岳飞尽忠报国

岳飞是我国历史上著名的民族英雄，他出生在宋徽宗年间一个军人世家，自幼酷爱读书和武艺，曾多次带领部队进行抗金战争，取得了十分显著的战绩。他的忠诚、正直、刚毅的品质和爱国热情至今仍影响着一代又一代人。

岳飞小时候十分聪明，他学习能力很强，父亲为他聘请了一流的老师来教他读书和写字，为他打下了扎实的教育基础。同时，老师在武艺方面要求十分严格，岳飞不到20岁时，已经能左右手同时开弓，能拉开300斤的弓，举起八石的重量。在父母的熏陶和影响下，他从小就立志要发奋学习、报效国家。

由于宋朝的当权者腐败无能，军队在敌人的追击下节节败退，激起了岳飞的一片报国之心，他义不容辞地加入了军队抗击辽军。可没过多久，父亲去世的噩耗传来，他不得不退伍还乡，为父亲守孝。

在这期间，发生了历史上著名的“靖康之难”，宋徽宗、宋钦宗两位皇帝被金国掳走，整个国家陷入了巨大的屈辱和悲痛之中。岳飞听到这个消息满含热泪，迫不及待地想要回到军营杀敌。他对母亲姚夫人说：“我们国家受到了这样的奇耻大辱，连皇上都被敌人俘虏，我堂堂六尺男儿，应该到前线去杀敌，为我大宋驱除侵略者！”

姚夫人听到岳飞的话，感到很欣慰：“儿啊，为娘听到你的话很高兴，相信你一定能够为国家鞠躬尽瘁，死而后已。现在世风日下，奸臣当道，当一天一年的忠臣容易，难的是一辈子都要尽忠报国啊，无论走到哪里，这四个字你都要牢记！”

岳飞听到姚夫人的叮嘱若有所思，他默默地跪在母亲面前，激动地说：“母亲，儿子一定永远铭记您的教诲！”

“现在朝中大臣有人主张投降敌军，你身在前线，一定会面临很多威逼利诱，千万不能做出不忠不孝之事！我要在你背上刺上这四个字，让你一生都要铭记！”姚夫人严肃地说。

岳飞听母亲说完，便毫不犹豫地将上衣脱去，露出健硕的背脊，说：“母亲，请您刺字！”

姚夫人的眼眶湿润了，她拿起毛笔蘸上墨水，在岳飞背上写下四个大字。然后，她又拿出绣花针，顺着毛笔的字迹一针一针地刺上去。

殷红的鲜血不断渗出来，每一针刺入肌肤，岳飞就本能地一抖，一颗颗豆大的汗珠和血液流满了全身。

“儿啊，你不怕疼吗？这字刺在你身，痛在娘的心啊！”姚

〔清〕周权《岳母刺字》

夫人一边刺字，一边止不住地流眼泪。

“母亲，不疼，一点也不疼。这几个字是您送给我最好的礼物，让我刻骨铭心，我一辈子都会铭记！”岳飞咬紧牙关，强忍着疼痛说道。

姚夫人咬紧牙根把这四个字刺好了，再将醋墨涂在上面，“尽忠报国”就永远留在了岳飞的背上，也深深地烙在了岳飞的心里。

每次作战时，岳飞都会想起“尽忠报国”四个大字。他驰骋沙场近20年，经历战役100余次，百战百胜，立了不少功劳，名声也传遍了大江南北。岳飞还建立起一支纪律严明、作战英勇的抗金军队“岳家军”，让金军闻风丧胆。后来，皇帝赵构和奸臣秦桧在岳飞率军追击敌人时，连发12道金牌逼他退兵，还诬告他谋反，以“莫须有”的罪名将岳飞毒死。

岳飞死时只有39岁，他一生谨记母亲的教诲，即使在死的那一刻，也没有忘记母亲“尽忠报国”四个字。

点评：千百年来，岳飞尽忠报国的爱国情怀家喻户晓，其“文官不爱钱，武官不惜死，不患天下不太平”的至理名言，千载传诵；其严于律己、廉洁奉公、爱国爱民的伟大精神，深深影响着岳氏后代，形成了良好家风，并融入民族血脉，成为中华儿女修身、立业、报效祖国的崇高典范。

三、诚实守信，勤俭持家

司马光诚信卖马、勤俭传家

提到司马光这个名字，首先想到的就是“司马光砸缸救人”的故事，儿童司马光机智冷静的形象令人印象深刻。司马光后来成长为北宋著名的政治家、历史学家，成就一番事业，与其从小受到家庭的熏陶是分不开的。诚信和勤俭的家风是司马光家庭传承下来最重要的品质。

父亲司马池十分注重孩子的品行教育，他从小就要求孩子不能撒谎。在司马光六岁的时候，有一天他和哥哥一起玩耍，哥哥拿了一个生核桃，想去掉它的皮，可兄弟俩忙活了半天，也没把核桃皮剥下来，哥哥有些气馁，就先离开了。这时来了一位老仆人，他打来热水，把青核桃烫了烫，然后很轻松地就剥下了皮。老仆人剥完核桃皮就走了，只剩下小司马光在那里摆弄着核桃玩。这时候，哥哥回来了，他惊讶之余，问道：“是谁这么厉害呀？核桃皮一下就剥开了！”小司马光抖了一个机灵，在哥哥面前得意地炫耀是自己剥的。没想到，在一旁的父亲看到司马光的小聪明，严厉地对司马光说：“我一直都在旁边看着呢，这明明是老仆人用热水烫了以后帮你剥的，小孩子怎么能说谎呢？”

司马光听到父亲的责备，知道自己错了，低声说道：“孩儿知道错了，以后再也不撒谎了。”司马池看到儿子承认了错误，疼爱地摸着孩子的头，语重心长地说道：“做人最要紧的就是诚实，说假话别人就不会信任你，失信于人就什么事也干不成了。”

在父亲的言传身教下，司马光极为重视诚信。司马光在朝廷工作时，由于他十分清廉，家里比较拮据。有一次，家里没有钱用，他就叫管家把家里唯一的一匹马卖掉。这匹马已经追随他多年了，那还是他在龙图阁直学士任上时，为了替代脚力而购置的。

这匹马毛色纯正漂亮，高大有力，性情温顺，只可惜夏季易发肺病，发病时野性勃发，容易伤人。司马光对管家说：“这匹马夏季有肺病，这一定要告诉买主。”管家笑了笑说：“哪有人像您这样老实呀？我们卖马怎能把人家看不出的毛病说出来？这样是卖不上好价钱的。”司马光可不认同管家这种看法，对他说："一匹马多少钱事小，对人不讲真话，坏了做人的名声事大。我们做人必须得诚信，要是我们失去了诚信，损失将更大。明天你把话说清楚，如果他愿意成交，价钱还得压低些！"管家听后惭愧极了。

第二天，管家把马牵到市场，如实把马所患的疾病对买家说了，并说这是司马相公特地交代清楚的，不能让他吃亏上当。买马人听了也很感动。周围的人听说司马相公卖马，都围了过来，听了管家的介绍，他们纷纷赞扬司马光为人诚实、光明磊落。

除了坚持诚信，司马光还在亲身践行着勤俭持家的家风。司马光在洛阳编修《资治通鉴》时，住所极为简陋，于是他请工人另外挖了一个地下室，在那里读书。当时的大臣王拱辰也住在洛阳城内，他的宅第非常奢华，中堂建屋三层，最上一层称朝天阁，洛阳人戏称："王家钻天，司马入地。"二人相比，更突显出司马光的难能可贵。

司马光的妻子去世后，清贫的司马光无以为葬，拿不出给妻子办丧事的钱，只好把仅有的三顷薄田典当出去，购置棺材来办理丧事，总算尽到了丈夫的责任。司马光为官近40年，而且位高权重，做到了宰相，竟然不得不典地葬妻，他的勤俭和清廉令人钦佩。

作为一名历史学家，他几十年呕心沥血，与助手编纂了《资治通鉴》，成为中国历史著作不朽的丰碑。在家庭教育方面，司马光根据自己一生的经验，写下了《训俭示康》，告诫儿子司马康和后人“由俭入奢易，由奢入俭难”的道理，虽官至宰相，他仍然保持着简朴的生活习惯，吃饭都是粗茶淡饭，很少大鱼大肉，穿衣也很朴素，很少穿名贵的绫罗绸缎。他以自己的身体力行，为后世子孙树立了榜样。

在父亲的教育下，《训俭示康》对司马康一生产生了重大影响。他为官清正廉洁，威望极高，令人遗憾的是，年仅41岁便英年早逝。他去世时，从公卿士大夫到市井百姓，纷纷前往吊唁，无不为之流泪痛惜。司马康这种道德操守和良好声誉，很大程度上受益于其父司马光的谆谆教诲。

点评：家风的形成，很大程度源自父辈的言传身教。“修齐治平”四字，司马光践行得十分到位，其家族后人也都以贤德立身。“由俭入奢易，由奢入俭难”“俭能立名成业，侈必堕落自败”，《训俭示康》中的这些箴言，至今仍值得我们学习和借鉴。

王安石朴素待客

王安石是北宋年间著名的政治家、文学家，他在熙宁年间担任宰相，主持了“王安石变法”，在文学上也有很高的造诣，位列“唐宋八大家”之一。

在那个处处讲排场、讲奢华的时代，王安石身居高位，可谓“一人之下，万人之上”，但是谁又能想到，这样一位历史上的名人，竟然在生活上十分节俭，从不贪图享受，有时甚至节俭到了有些“抠门”的地步。

在22岁那年，王安石考中了进士，朝廷发放的俸禄还算丰厚，可他的俸禄一大半都要用来供养母亲和祖母，以及维持整个大家族的开支。每次领了俸禄，他都要先拿出来给其他家人，由此导致自己和妻子以及一双儿女的日子过得甚为清苦。他在担任舒州通判时，家徒四壁，除了书籍之外，几乎一无所有。

后来到京城担任宰相了，王安石依然保持着十分朴素的生活作风。有一次，儿媳妇家的亲戚萧公子到京城来办事，专程拜见了王安石，王安石见他远道而来，便邀请他第二天到家中吃顿便饭。

萧公子想着要到宰相家里赴宴，十分重视。他特意到街上买了一件华丽的衣服，来到王安石的家里，想着王安石当这么大的官，不知道会有什么山珍海味吃。

寒暄了好一阵，时间已经来到了晌午，萧公子的肚子已经饿得咕咕叫了，但王安石却迟迟没有开饭的意思。萧公子又不敢贸然离开，只好继续忍着饥饿坐着。又过了好一会儿，王安石才请他坐到饭桌前，可桌上一盘菜都没有。

萧公子感到很奇怪，心里不由得泛起了嘀咕。他们先喝了几杯酒，随后，王安石的家人端了两块胡饼上来，又端来了四份切成块的肉。萧公子平时都是大鱼大肉吃惯了，没想到王安石的家宴吃得这么简单，菜的品相实在是难以下咽。

王安石客气地说："贤侄啊，你难得来一趟，今天就尝尝我们家里的特色菜！"萧公子为了缓解尴尬，只好象征性地夹起胡饼，吃了中间的一小部分，把四边都剩下来了。王安石见状，丝毫没有察觉什么异样，便把剩下的饼都夹到自己碗里，几口便吃完了。萧公子见状，当朝的宰相生活竟然这么俭朴，感到十分羞愧，吃完饭便匆匆告辞了。

还有一次，因为一盘獐子肉，王安石家里闹了笑话。由于过于节俭，王安石平时很少吃肉。当了宰相之后，家人看到他整天起早贪黑，非常辛苦，身体状况也每况愈下，所以时不时会给他做些肉，让他补补身子。

但是，家人发现每顿饭吃完，王安石总是把肉剩下。时间长了，家人以为他根本不爱吃肉。有一天，仆人做了一盘红烧獐子肉，还特意放在王安石面前。一顿饭下来，王安石对别的菜很少动筷，但对这盘獐子肉却情有独钟，吃掉了大部分。

王安石夫人知道后很高兴，也暗暗有些责怪自己，没有照料好丈夫的饮食，竟然不知道丈夫这么爱吃獐子肉。从那以后，王安石夫人经常会让仆人准备些獐子肉。但奇怪的是，王安石自从吃了那顿獐子肉之后，就再也没吃了，无论烧饭的仆人怎么花样翻新，獐子肉还是怎么端上去，又怎么端下来。夫人知道此事后，有点焦虑，很想知道到底是怎么回事，便把做饭的仆人叫来，让他好好想想之前吃的那次到底是怎么做的。

仆人听了夫人的话，这次烧得格外用心。他选了上好的獐子肉、上好的原料，然后反复琢磨了那天主人喜欢吃獐子肉时自己的做法。最后，仆人小心翼翼地把一盘美味的獐子肉端到了王安石面前。而且，为了能让王安石吃这盘獐子肉，其他的几盘素菜故意做得不太好。结果，午饭结束后，夫人和仆人都傻眼了，那盘獐子肉还是一点没动，几盘凑合做的素菜倒是吃了不少。

仆人百思不得其解，就大着胆子去问王安石原因。王安石告诉仆人，原来第一次做獐子肉时，这个菜是桌上最便宜的菜，而且刚好放在自己面前，所以就吃得多一些。后来又做獐子肉时，其他的菜更便宜，自己吃别的素菜多一些，就没吃那个更贵的獐子肉了。

由此可见，王安石平时的生活饮食十分简单，甚至连稍微贵点的饭菜都舍不得吃，更别说讲排场大吃大喝了。他的这种朴素的生活习惯也影响着家人和后代，使他们继续坚持下去。

点评：王安石贵为一朝宰相，却生活朴素、作风简朴、勤俭节约，于今天看来，在贯彻落实中央八项规定、提倡节约反对浪费的社会背景下，依然很有借鉴意义。早在一千多年前，王安石就给后人做出了榜样，我们要坚持厉行节约，杜绝“舌尖上的浪费”。

四、与人为善，天下为公

张英、张廷玉和“六尺巷”

在安徽桐城，有这样一个著名的文物建筑，叫作“六尺巷”。要想了解它的故事，还得从清朝一对“父子宰相”说起。

清朝康熙年间，朝廷重臣张英担任文华殿大学士，这个职位相当于宰相。有一天，张英正在家中读书，管家送来老家桐城的一封家书。张英虽在京城做官，主要家人也生活在北京，但老家总有一些亲戚。听说是从老家来的家书，他立马停止了手头工作打开信件。谁知看完以后直摇头，一边感叹道：“唉，为了一点小事吵成这样，哪里是我们张家人的肚量，让我这个大学士脸往哪搁啊！”随后，他便要管家把儿子张廷玉叫过来了。

原来，信中提到桐城老家的邻居吴氏要翻修宅院，想要占用两家之间的过道。张家人认为对方越界侵占了自己的地方，要求退回，可吴家人坚持没有越界，不肯退让。两家人为了这个事情争执不下，甚至闹到了县衙。由于张英是当朝大学士，在京城十分有影响力，吴家也是当地名门望族，县令是哪边也得罪不起，只能当和事佬，在中间进行调和。张家人一看这阵势，觉得你吴家也不过是在桐城呼风唤雨，我们堂堂大学士家里，难道还怕了你？于是直接写信给张英，希望通过张英向县衙施压来要求对方退让。

张英看向张廷玉，问他：“孩子，你觉得我们应该如何处理这件事？”张廷玉思索一番，回答道：“邻里之间本应和睦相处，但这事我们也不是完全不占理，既然吴家已经闹到了县衙，那就交给县衙秉公处理，我们也不给家里回信插手这事了，以免授人以柄。”

张英却摇摇头，说：“你以为县令真的能做到秉公处理吗？吴家再厉害，也只是桐城当地的乡绅，而我们在京城担任重要职务，基层的官员肯定会考虑到这一点，也希望借这机会来攀附我们。即使我回信要公正处理，也会被认为在暗示他们。最后的判定肯定是有利于我们张家的，这样邻里之间就会传开了，说我们利用权力欺压乡邻，这样有损我们世代维系的门风啊。”

随后，他大笔一挥，给老家写了一封回信。当老家的人收到来信后，满心欢喜以为得到了张英的支持，这下可以压制对方了。可认真一读回信，却傻了眼，原来张英的回信是一首诗，上面写着：“千里修书只为墙，让他三尺又何妨。万里长城今犹在，不见当年秦始皇。”

张英的意思很明确，就是要自己人吃点亏，主动退让三尺。张家人看到后羞愧难当，第二天主动将自家宅院的围墙退后三尺。吴家见状，没想到当朝大学士竟有这样的胸怀，便也主动退后三尺，于是形成了一条六尺宽的巷子，这就是“六尺巷”的来历。此后，六尺巷的故事便广为流传，张家与人为善、谦逊礼让的家风也被人们津津乐道。

张廷玉后来也担任了大学士，他十分重视对后代的培养教育。雍正年间，张廷玉的二儿子张若霭参加了科举考试，他过五关、斩六将，经过乡试、会试的选拔，进入到了殿试的考验。

在殿试这一天，主考官将所有考生的试卷认真审阅后，密封送给了雍正皇帝，雍正仔细地审视每一张考卷，当他读到主考官判定的第五名考生的试卷后，觉得试卷文字工整、切中时弊、论证有力，特别是对“公忠体国”的策论尤为欣赏，于是将第五名拔擢至第三名，也就是探花，其他大臣也表示赞同。当看到考生的名字后，就是张廷玉的儿子张若霭，雍正感到很高兴，便派人告诉了张廷玉。

谁知张廷玉听说儿子被雍正拔擢为探花的消息后，不仅没有高兴，反而表现得有些忧虑，自己在朝中担任军机大臣，儿子高中探花，又是皇上钦点，会不会让人觉得沾了我这个父亲的光？这样对其他考生不公平啊，而且这是在为国家选拔人才，我们张家作为名门大家，就不应该再挤占其他寒门学子来之不易的机会了。经过反复思考，张廷玉还是向雍正提出了收回成命的请求。

在张廷玉的一再坚持下，雍正最终还是听从了他的意见，将张若霭又降为了第四名。事后，雍正还专门颁发圣旨，表扬张廷玉大公无私、代子谦让的美德，这也成就了一段“父子让探花”的美谈。

点评：“六尺巷”的故事包含的与人为善、谦和礼让的精神，是中华传统文化的精神，它的“宽”不是宽在“六尺”上，而是“宽”在人的心灵境界与和谐礼让精神上。“让探花”的故事告诉我们，在面对更大的国家利益时，应该坚持天下为公，把自己的私利放在后面来考虑。

程夫人教子有方

在“唐宋八大家”中，苏洵、苏轼、苏辙三父子同时位列其中，父子三人同时取得这样高的文学成就，在中国几千年的历史上也是极为罕见的。他们能成为大文豪，取得杰出成就，与良好的家庭教育密不可分，特别是苏洵的妻子程夫人，在将苏轼、苏辙两兄弟培养成才的过程中起到了十分重要的作用。

程夫人出生于眉州一个名门世家，自幼在优渥的家境长大。她知书达礼、贤淑端庄，从小就教育孩子要成为一个品德高尚的人。苏轼小时候有一天和佣人在院内玩耍，正当他们玩得开心，

程夫人教子有方

突然，佣人无意间踩陷了屋中的一块地面，发现坑下面埋藏着一个大瓮，众人很兴奋，猜测瓮里可能装有金银珠宝，苏轼在一旁也坚持要打开。可是，程夫人却做了一个出人意料的决定，她命人用土将陷下的坑填好，告诉大家那东西是前人埋下的，不属于苏家，谁也不准去挖取。她认真地对苏轼说："孩子啊，这是不属于我们的非分之财，一分一厘都不能妄取。你以后做人一定要堂堂正正，千万不能有贪财的念头，这是做人的准则，你要牢记在心。"这件事使苏轼深受教育，母亲的言传身教，从小就为他树立了做人应该不贪财的榜样，也为他日后清廉为官打下了基础。几十年后，苏轼还专门写了一篇文章《记先夫人不发宿藏》来回忆这件事。

作为母亲，程夫人从小就教育孩子要有仁爱之心。在苏家院子里，有一片小树林，林中栖居着多种飞鸟。兄弟俩小时候最爱和朋友们在这片林子中玩耍。有一天，一只非常漂亮的鸟被老花猫给逮着了，撕咬之间被苏轼发现，兄弟俩从猫嘴里将小鸟夺下救出，不知道下步该如何办了。正好程夫人见到了，看见苏轼手捧着鲜血淋淋的小鸟，问明原因后，因势利导地教育两兄弟说："孩子啊，鸟儿再小也是一个生命，也有感情，鸟儿死了它的母亲有多难过啊，人不可以乱杀生，做人一定要保持善念，以仁爱宽厚之心对待万事万物。”兄弟俩听后，将小鸟救治后放回了巢穴。这件事在苏轼幼小的心灵上刻下深深的印记，他长大后从政时，积极主张以仁政治国的政治思想，很大程度上受到了母亲的影响。

苏轼十岁的时候，父亲外出游学，由母亲亲自担任老师，教苏轼读书。有一天，程夫人在读到《后汉书·范滂传》时感慨不已，被范滂的忠义精神所感动。范滂是东汉时期的一位名士，他敢于伸张正义，鞭挞贪官污吏，为百姓疾苦呼吁。因反对宦官专权，触怒宦官，他两次被逮捕下狱。当他即将被处死时，母亲到监狱与之诀别，范滂对母亲说：“我今天为正义去死一点也不后悔，只是牵挂着母亲!”范母深明大义，说：“你能为正义而死，虽死犹生!”为了不让儿子牵挂，范母自杀了。范滂母子的事迹深深触动了苏轼年幼的心灵，他对程夫人说：“母亲，我如果想成为范滂那样的人，您会同意赞许吗？”程夫人听了感到十分欣慰，说：“你如果能成为范滂这样的忠臣义士，我难道不能成为范滂母亲那样的人吗？”从那时起，苏轼就发奋进取，博览群书，心怀天下，连要求严厉的程夫人都不无自豪地说：“我有个像样的、有志气的儿子了！”

这些成才过程中点点滴滴的小事，传达的不仅仅是女性美德，更是一种仁爱、清廉人生观的身教，对苏轼兄弟的做人、做官和为人处世影响至深，终身受用。

点评：每一个优秀的家族背后都有一位贤妻良母，程夫人对丈夫事业的支持，对儿子言传身教的影响，在苏氏家族打下了深深的烙印。没有她，父子三人不会有这么高的成就。在程夫人的熏陶下，苏氏家族内部形成了读书正业、孝慈仁爱、为政清廉的家庭风气，也滋养着后世子孙的精神气质与品德修养。

五、积极进取，乐观向上

司马迁忍辱负重著《史记》

司马迁是西汉时期著名的历史学家。他出身于书香门第，父亲司马谈在汉武帝时期担任太史令，也就是负责编写史书的官员。在父亲的熏陶下，司马迁从小就对历史十分感兴趣，在文学方面展现出了过人的天赋，十岁就已经开始阅读一些古籍。同时，父亲的言传身教，激发了他的强烈兴趣，他立志要成为像父亲一样客观公正、知识渊博的历史学家。

汉武帝元封元年（前110），汉武帝前往泰山封禅，希望通过祭祀天地来巩固统治。太史令司马谈本应随行记录这一重要历史事件，然而汉武帝却信任方术之士，不重视史官的职能，将司马谈留在了洛阳。这让司马谈感到既羞愧又恼怒，皇帝的冷落让他郁闷不已。

司马谈是一个学识十分渊博的人，由于曾经掌管汉朝的天文、历法，接触到国家的重要图书和文献，他已经开始着手计划写一部史书。但是由于在政治上不得志，加上年老多病，繁重的工作压垮了他的身体。他在临终前对司马迁说："孩子啊，自《春秋》以来的，我们国家的历史几乎是空白的，汉王朝建立以来的历史也没有好好编修，面临着失传的危险，我作为太史令感到十分担忧。希望你一定要继承我的遗志，将我们的工作推进下去，撰写一部有价值的史书。"司马迁听后十分悲痛，他对父亲说："请您放心，我一定会竭尽所能，在您的基础上，完成好史书的编修，将历史忠实地记录下来留传给后人。"

此后，司马迁不仅继承了父亲的遗志，还接替了父亲太史令的职务。他年轻时就曾经游历祖国的大江南北，他曾经到过东南江陵，感受当地的风土人情，也曾去往九嶷山，考究舜帝的传说，还奔赴到屈原投江的汨罗，在那里凭吊这位爱国诗人，他的足迹遍布了整个长江和黄河流域。那时的交通远不如现在发达，司马迁凭着坚强的毅力，克服重重困难跋山涉水。每到一处，他都深入到田间地头与百姓交流，记录了很多民间传说故事，实地考证了很多历史事件，思考历史成败的原因，这为他的写作积累了丰富的素材和史实。

然而，正当司马迁潜心于工作时，一个巨大的打击从天而降。公元前99年，汉朝名将李陵率领五千精兵进攻匈奴，可是却陷入敌人陷阱，匈奴军队利用地形优势，以数倍兵力将李陵的部队团团围住，李陵的部队由于兵力和粮草不足被迫投降被俘。前线的战报传来，汉武帝勃然大怒，认为李陵没有战死沙场，成为了俘虏，这是贪生怕死的叛国行为，下令要诛李陵的九族。

朝堂之上鸦雀无声，虽然官员们都知道不能完全怪罪于李陵，但是没有一人敢为他发声。大殿上死一般的沉寂，司马迁熟悉李陵的为人和对国家的忠诚，看到朋友有难，一股浩然正气涌上司马迁的心头，他慷慨激昂地向前进谏："陛下，李陵一直有着一份报国之心，这次的失败不能完全迁怒于他，他带领部队已经杀敌一万多人，投降实在是迫不得已，虽然被俘但他一定会想办法归国请罪的！"汉武帝听后怒不可遏，认为司马迁和李陵是一伙的，甚至认为他是奸细，下令要杀了司马迁。

这飞来横祸给了司马迁沉重一击，作为正直清高的史官，他多次想到大不了一死了之。但是想到父亲临终前的嘱托，想到自己还没有完成的重任，想到自己用尽一生搜罗的珍贵史料，难道这一切都要付诸东流吗？他不得不想办法活下来。按照当时的法律，要想免除死罪，要么向国家支付巨额的钱财，要么接受宫刑。可是司马迁家境并不宽裕，而且为官清廉，根本拿不出那么多钱财，为了完成编写史书的使命，他不得不忍受屈辱接受了宫刑。

酷刑给司马迁的身体和精神带来巨大的摧残，由于当时医疗条件落后，他孱弱的身体不能经受一丝风寒，也无法承受湿热的环境，能正常生活已十分不容易，但他还要忍着剧痛，每天在笨重的竹简上完成艰难的写作任务。

即使经历这一奇耻大辱，顽强的意志仍在支撑着司马迁，他忍受着朝廷同僚的嘲讽和世人鄙夷的目光，他以周文王、孔子、屈原、左丘明、孙膑等人的例子激励自己，抛弃个人的悲痛和屈辱，经过几十年如一日坚韧不拔的毅力，终于完成了《史记》这一部伟大的历史著作，可以说书中的每一个字，都是司马迁用血和泪完成的。《史记》写完不久，司马迁就去世了。鲁迅称赞它“史家之绝唱，无韵之《离骚》”。

点评：司马迁面对人生的巨大屈辱，在逆境中仍能保持积极进取的心态，他的正直、他的坚韧，来源于父亲的言传身教，这不仅是良好家风的传承，更是几千年中国知识分子的精神追求，为后人留下了宝贵的精神财富。《史记》的诞生，成为中华优秀传统文化中的一座不朽丰碑。

王献之苦练书法

王羲之、王献之父子是书法界赫赫有名的“二王”。王羲之与夫人郗氏育有七子一女，个个都是才貌双全，而在书法上成就最高的就是王献之。他自幼聪明好学，能够在书法上与父亲齐名，得益于王羲之的言传身教和母亲郗夫人的精心教诲。

在七八岁时，王献之就开始师承父亲学习书法。王羲之对他的基本功要求十分严格，十分注重他的手腕握笔的力量。在父亲的严格要求下，王献之丝毫不敢偷懒，每天的一笔一画都练得十分认真，王羲之看到儿子的进步，内心十分高兴却并没有表露出来。有一天，王献之正在聚精会神地练习书法，完全没有注意到身后的父亲。王羲之见儿子练得认真，便悄悄走到背后，突然伸出手，想用力抽走王献之手中的毛笔。没想到，王献之注意力十分集中，毛笔握得十分牢固。王献之这才发现是父亲，便问："爹爹，你为什么要抽掉我正在写字的笔啊？"王羲之感到很高兴，便鼓励他说："我这个儿子真不错，基本功很扎实，今后应该会有大出息！"

自这之后，王羲之经常表扬王献之，希望他能够继承自己的书法天分，王献之就这样在父亲的指导下不断进步。

三年后，王献之认为自己的书法达到了较高水平，便去问父亲："父亲，我练字也练了好几年了，照我现在的水平发展，还练个三年应该就可以了吧？"

谁知母亲在旁边听到，便摇头说道："孩子啊，你虽然和自己比有进步了，可是和你父亲比，水平还差得远啊！"

"那五年呢？再练五年我就能超越父亲了吧？"王献之自信地说。

"那也不够，再练五年也才仅仅入门呢。"母亲继续回答道。

"那我什么时候才能练到父亲这样的水平呢？"王献之继续追问道。

郗夫人拍了拍儿子的头，说："孩子啊，练字可非一朝一夕之功，欲速则不达。你父亲年轻的时候，先用四五年时间，虚心临摹诸家的字体，对别人的特长融会贯通，然后才形成了自己独特的风格。为了练字，你父亲不管走路还是休息，一直用手在身上一横一竖地比画，揣摩字的笔画结构。你先要打好基础，看到外面那18口大缸了吧？”她一边说一边手指着远处，“等你写完这18缸水，你的书法应该就有一点造诣了！”

王献之听了心里很不服气，暗自下决心要刻苦练字，拿出点本事来证明自己。

时间又过了几年。有一天，他又在练字，练完就和伙伴们玩耍去了。这时，王羲之来到书房检查儿子的作业。他一个一个字地检查，看到有个“大”字，结构比较松散，不够稳健，便下意识地加了一点，变成了一个“太”字。

王献之回来后，将写的字交给母亲检查。母亲仔细地看着他的字，看到了孩子的进步，便鼓励他说道：“嗯，看这几个字又有一些长进了，不过整体还是有一些稚气，不够成熟稳重啊。倒是这个‘太’字写得不错，特别是那一点有你父亲的神韵！”

王献之听到母亲的表扬，感到很高兴，可他仔细一看，自己明明写的是个“大”字呀，怎么就成了“太”字？他立马想到那一点是父亲帮他加上去的。顿时，他感到十分羞愧，心想：“我以为自己练得够好了，原来离父亲的水平还有很大的差距啊！”

这件事情之后，王献之就再也不骄傲自满了，练字也更加地用心，不急于求成，从基础的一笔一画开始从头练。母亲看到儿子意识到自己的问题了，也很高兴，就继续鼓励王献之，让王献之将他们家院子里18口缸的水用来练字，水用完了字就练好了，王献之自然知道他父母是为了锻炼他的恒心，所以很愉快地答应了。从此之后他就非常认真地用缸中的水练字，每次练完就到一个池里洗笔和砚台，久而久之，池水全变黑了。

后来，王献之经过日复一日地认真练习，他的字也达到了一代大家的水平，成为举世闻名的书法家，书法造诣达到了父亲的高度，在历史上留下了自己的名字，后人也十分佩服他练字的恒心和韧性。

点评：即使有父亲王羲之这样的书法大家指点，王献之要想成为一个书法家，还是只能一步一个脚印地练习，没有任何捷径可以走。王羲之和夫人的严格要求、循循善诱，王献之的积极进取精神和持之以恒的毅力都值得我们借鉴学习。

六、淡泊人生，宁静致远

诸葛亮与《诫子书》

提起诸葛亮，大家立马想到“三顾茅庐”“草船借箭”“七擒孟获”这些耳熟能详的故事，他是历史上著名的政治家、军事家和文学家，也是三国时期蜀国的丞相。他的智慧才干和爱国之心让人赞叹，同时，他还是一位品德高尚、才学渊博的父亲，他在教育孩子时，十分注重对孩子品行的培养。他给儿子留下的家风家训，展现出他淡泊明志、宁静致远的优秀品质，同样让人称道。

作为蜀国的丞相，诸葛亮大部分精力都放在国家治理上，人过中年才生下儿子诸葛瞻。儿子从小天资聪颖，深得诸葛亮的疼爱，在三国纷争的时代，他对儿子寄予了厚望，对他要求很严。在写给哥哥诸葛瑾的信中，他还特意提到儿子，说：“我的孩子瞻儿今年已经八岁了，他十分聪明可爱，可我又担心他过早地展露出聪明才智，得到的都是周围人的逢迎，容易骄傲自满，反而难成大器啊。”

不久，在公元234年，诸葛亮因过度劳累病重，他预感到自己时日无多，对年仅八岁的儿子十分不放心，便给儿子写了一封家书，就是广泛流传至今的《诫子书》：

夫君子之行，静以修身，俭以养德。非淡泊无以明志，非宁静无以致远。夫学须静也，才须学也，非学无以广才，非志无以成学。淫慢则不能励精，险躁则不能治性。年与时驰，意与日去，遂成枯落，多不接世，悲守穷庐，将复何及！

这篇短文仅仅86字，字字凝聚着诸葛亮的人生智慧和对儿子的殷殷期望。他教导儿子要牢记“静”字来提高自身修身，提倡节俭来培养自己的品德。只有保持淡泊宁静的心境，才能明确远大志向，才能完成伟大目标。不勤奋学习就不能增长才干，没有坚定的意志就不能学有所成。人的一生要戒骄戒躁、努力学习、珍惜时光。

不久后，诸葛亮又给儿子写了一篇《又诫子书》，专门就饮酒问题劝诫儿子。他在文中谆谆告诫儿子，酒作为礼仪交往的饮料，在把酒言欢时，要特别注意三件事：一是酒可以喝，但要适度；二是可以尽兴，兴进而退；三是绝对不能乱性，要自我控制。整篇家训文章，重点在于“不能乱性”。诸葛亮为什么在去世前放不下心，要专门就饮酒问题写这篇文章呢？或许是他看到，在那个时代因为醉酒酿成大祸的例子太多了吧。

除了自己的孩子，诸葛亮还关心其他晚辈的成长。他曾在写给外甥庞涣的《诫外甥书》中，语重心长地告诫外甥应当志存高远，做人要有远大的志向，并具有实现志向的行动措施，战胜一切困难、用毅力去排除干扰、意志坚定心思缜密，才能走出平庸，走向成功，建立自己理想中的丰功伟业。长辈对晚辈的谆谆教诲、殷切之情饱含其中。

点评：诸葛亮培养出的不仅是一个文武兼备的诸葛瞻，也成就了诸葛家族满门英杰，世代忠烈。这篇短小精悍的《诫子书》，言简意赅，将养性修身的道理说到极致，值得我们用一生去学习。

彭玉麟六次辞官

在封建社会，出仕做官是千百年来读书人梦寐以求的事。然而，在晚清官场，却有这样一位特立独行的人物。他一生六次辞去朝廷授予的高官厚禄，在年近古稀时仍然立下赫赫军功，被历史学家称为“大清帝国最后一抹斜阳”。如果要评选一个中国历史上最不想做官的官员，一定非他莫属。他就是晚清军事家彭玉麟。

彭玉麟出身于书香门第，自幼受父亲的影响，就十分喜欢读书。在饱尝了生活的艰辛后，他在35岁时接受曾国藩的邀请，加入湘军水师。在曾国藩麾下，彭玉麟充分展现了他的军事才能，带领湘军水师在与太平天国的战役中取得了辉煌胜利。渐渐地，彭玉麟在军中树立了很高的威信，他在将士们面前许下了“不要官，不要钱，不要命”的誓言，广受赞誉，将士们称赞他为“三不”将军。

曾国藩多次向朝廷举荐重用彭玉麟，朝中其他人也在保举他。他却六次辞官：

1861年，45岁的彭玉麟接到升官谕旨，清廷安排他出任安徽巡抚。这本是好事，但他却一连三次上疏辞官。

1865年，他又三辞肥缺漕运总督，理由是“除不懂漕政外，又加上性情褊急，不会与各方圆通相处”。

1868年，他请辞当了六七年的兵部侍郎，原因是“当年从军时，三年母丧只守了一年，现在国家安定，理应解甲归田”。

1872年，同治帝大婚，朝廷请他做“署理兵部侍郎兼大婚庆典宫门弹压大臣”，待到庆典一结束，彭玉麟又上疏辞职。

1881年，彭玉麟辞两江总督兼南洋通商大臣。

1882年，朝廷任命彭玉麟为兵部尚书，然而与过去一样，彭接旨后即请辞，这一次朝廷铁了心，几次催促，但彭玉麟仍反复请辞。

据统计，彭玉麟一生六次辞高官，十八次辞小官，但有一次，他竟然主动“请官”。

1883年，中法战争爆发，几个月后，彭玉麟主动上疏朝廷：“兵部尚书之位还在吗？在的话就给我，我要当！”只要国家有难，他就会义不容辞地挺身而出。于是，他在年近古稀时仍怀揣一颗报国之心，主动督师广东、整顿海防，身先士卒，取得了击败法国侵略军的镇南关大捷。

彭玉麟生活十分俭朴，在微服出访下基层调研时，穿着打扮就像一个村里的农夫。在长江段巡察阅兵时，每次到营地检查，当地官员就要急忙将那些奢侈的摆设和古玩撤掉，才敢迎接彭玉麟的到来，否则就会受到他的严厉批评。到朋友家吃饭时，只要看到桌上摆着山珍海味，他就会皱起眉头，提出批评，对那些名贵的菜肴一下筷子也不会动，反而对辣椒拌豆腐情有独钟。平时吃饭时，也是一些自家种的蔬菜，中间仅仅放一小盘肉而已。

彭玉麟对子女要求十分严格，尤其注重家风家教的传承。有一次，他的儿子耗费钱财修补老家的房子，他知道后十分生气，专门为此事写了一封家书训斥儿子，并且告诫他们，身为官宦人家，不能借机发财享福，反而还要比寻常人家更加注重保持勤俭的家风。尤其是在国家衰落、社会凋敝时，这种行为更加不可取。其实，他的儿子也仅仅是用了几十串铜钱，草草地修补了一下家里的房子而已。

彭玉麟为官三十年，所得养廉银数目可观，然而，他却将这笔钱记在公家账上，自己从不私用。同治六年（1867），他要曾国藩代奏，不要因为他捐献养廉银而额外赏赐其子女。他还时常告诫子孙，“一等人忠诚孝子，两件事读书耕田”，不能贪恋钱财，不要为了自己的利益得失而置他人于不顾。

点评：彭玉麟一生忠廉刚直、嫉恶如仇、不慕名利、不避权贵，在追逐名利的晚清官场十分难得。敬、忠、勤、睦、忍、慎、教、戒这八字箴言是彭玉麟一生践行并奉为圭臬的为人处世准则，他淡泊名利、宁静致远的人生追求，在当今社会仍值得我们提倡和学习。

第三节　当代家风典型人物故事

人的一生，为价值而来。

“为国为民，侠之大者”。我们的民族，在每一个时代饱含着对“侠之大者”的深情呼唤。他们的初心，无名无利无我却有情有义有国，他们爱着自己的小家，却往往为了“大家”而顾此失彼；他们的奋斗，有风有雨有泪却无私无怨无悔，他们爱着脚下的土地，不惜将自己的血肉融入这方土地。

家风影响着社会风尚，社会风尚更影响着每一家的家风。当代中国，在共产主义理想的光辉照耀下，涌现出了一批批可歌可泣的典型人物，他们受到优秀家风的熏陶，又用他们的爱国、为民、敬业和舍生取义，深深影响着一个又一个家庭的家风。

一、爱国奉献典型故事

钱学森：二十年不改归国路

1955年10月8日，深圳罗湖桥。

钱学森再也压抑不住激动的心情，双眼含泪，快步迈过了罗湖口岸。

望着几十件正在转移的行李，钱学森指着那几个大木箱，对一同回国的科学家们介绍道："看看，这就是5年前我第一次想回国时，被美国政府无理扣押并诬陷为'窃运军事机密'的箱子。美国当局归还后，我原封不动地放在家中，随时准备起运。如今，这些板条箱子终于运进了祖国的大门。"

说完，他从贴着胸口的口袋中小心翼翼地摸出一张纸条，静静凝视并陷入了久久的沉思——

1935年8月，24岁的钱学森怀着学好航空知识报效国家的愿望，在父亲钱均夫的陪伴下来到了上海黄浦江码头，开启了赴美的旅程。

伴随着轮船汽笛的一声长鸣，告别的时间到了。钱均夫紧紧抱了抱儿子，接着从口袋里拿出一张纸条，慎重地交到儿子的手中，哽咽着说："在国家前途命运难测之际，你赴美求学，个人的前途命运亦难测。这就是父亲送给你的礼物！"

轮船启航了，钱学森眺望着父亲渐行渐远的身影，一直到看不见为止。这时，他才打开手中紧攥的纸条，只见上面写着——"人，生当有品：如哲、如仁、如义、如智、如忠、如悌、如孝！吾儿此次西行，非其夙志，当青春然而归，灿烂然而返！乃父告之。"

读完纸条，钱学森已泪流满面。他回忆着父亲长久以来的言传身教、临别之际的谆谆教导，在心里默默地对父亲承诺："亲爱的父亲，您的教诲我一定记在心里，我一定不会让您失望的。"

到美国后，钱学森用行动履行着内心的承诺：第二年，即以优异成绩获取麻省理工学院硕士学位，1939年同样以优异的成绩获加州理工学院博士学位，1947年破格获得麻省理工学院终身正教授，成为最年轻的正教授。

短短十几年，钱学森已成为世界著名空气力学家和美国航空航天领域的领军人物，研究出喷气推进的新理论和新技术，为二战后美国空军发展提供科学理论与技术措施，组织领导了超声速风洞的设计和建设，成功研发出以液态燃料推进的地对地大型导弹、以固态燃料推进的实验导弹等。同时，他还兼任喷射工程公司的顾问，该公司承担了美国海陆空三军兵工部门机密的航空航天研究和开发的计划；他培养了一批年轻的科学家和工程师，将美国的航空航天技术推向新阶段。他致力于火箭研究，《关于火箭核能发动机》一文是世界上第一篇关于核火箭的出色论文，第一次把核能技术引入火箭发动机，将人们带入了一个无法想象的新天地。

1949年，是钱学森生命辉煌的一年，很多研究成果都取得了突破性进展。同时，这一年，中国也发生了翻天覆地的变化，中华人民共和国诞生了。

“新中国成立了，是我们该回去的时候了。”获知消息，钱学森激动地打开中国地图反复地看着，他对夫人蒋英说，“咱们一定要尽快回到中国去，那里需要我。”夫人连连点头，双眼泪光莹莹。

为了尽快回国，钱学森制定了一系列计划，他先申请退出美国空军咨询团，辞去兼任的美国海军炮火研究所顾问等职，但却迟迟没有得到美国军方的批准。他找到美国海军次长金布尔，明确表达了回国的愿望。

金布尔对钱学森的才学极为清楚，并对他十分器重和优待有加。金布尔认为，钱学森只有在美国才有用武之地，也只有美国才能向钱学森提供优越的科研条件和丰厚的物质报酬，他极力劝谏并挽留："钱先生，我很敬重你，也很欣赏你的才华。你不能离开美国，你对我们来说简直太有价值了！"

见钱学森去意已决，再怎么说服都没有希望，金布尔气急败坏给美国司法部打电话："钱学森知道得太多了，他知道所有美国导弹工程的核心机密，一个钱学森抵得上五个海军陆战师。我宁可把这个家伙枪毙了，也不能放他回红色中国去！"

此时的钱学森一家还蒙在鼓里，他们已办好了回国的一切手续，托运了行李，向亲朋好友做了告别，还拿到了两张加拿大航班的机票，他们的心情犹如出笼归巢的小鸟，快乐而舒心。

然而，移民局截住了钱学森，并非法扣留了他们全部的行李，并断言他行李中的八百多公斤书籍和笔记本，"里面一定藏有机密材料"，以"企图运输秘密的科学文件回国"为由，非法逮捕了钱学森。

美国科学界知道这一消息后普遍哗然，多方呼号营救，让美国当局感受到了压力。最终，在关押半个月后，钱学森得以获释。这期间，钱学森身心受到了严重摧残，半个月时间瘦了三十斤。

虽然获释，但美国没有放弃对钱学森的监视。这一监视，就是五年时间，不准远行，住宅和办公室随时被搜查，电话和信件也受到严密的检查，朋友仅因为给他去一次电话，便要受到联邦调查局无休止的盘问。

变相的软禁，并没有消灭钱学森夫妇回国的意志。一方面，钱学森放下火箭技术的研究，另行选择“工程控制论”这个新专业进行研究，以消除回国的障碍。实际上，工程控制论与生产自动化、电子计算机的研制和运用、国防建设都密切相关，只不过当时美国当局没有认识到这一点。经过努力，1954年，钱学森完成了三十多万字的英文版《工程控制论》，标志着新兴的工程控制论学科的诞生与创立。钱学森的老师冯·卡门看了后说：“学森啊，我为你骄傲！你现在在学术上已经超过了我。”

另一方面，钱学森找各种机会与国内联系。1955年的一天，钱学森借机摆脱联邦调查局人员的监视，在一小块香烟纸盒上，写下了一段话：被美国政府扣留，今已五年，无一日、一时、一刻不思归国参加伟大的建设高潮。除去学森外，尚有多少同胞，欲归不得者。

他把这小块香烟纸，夹带在一封寄往比利时的蒋英的妹妹的信上，请托转给国内领导人。

就是这一小块香烟纸，粉碎了美国在与中国谈判中的老调重弹：“没有证据表明钱学森要归国，美国政府不能强迫命令。”经过中国各方的不懈斗争，美国不得不批准钱学森回国的要求。

1954年8月4日，钱学森收到了美国移民局允许他回国的通知。9月17日，钱学森和夫人蒋英携带一双幼小的儿女，在时隔20年、被监视5年之后，终于踏上了归国的轮船。10月8日，经过21天的海上颠簸，钱学森一家终于回到了祖国的怀抱，从罗湖口岸踏上了祖国的土地。

“父亲，我终于回国了。”看着父亲留下的纸条，钱学森从喃喃自语到愈发坚定，“我相信，我的前途在中国。”

就这样，钱学森的前途和中国的前途紧紧捆在了一起。这位世界著名科学家、空气动力学家的回国效力，让中国导弹、原子弹的发射向前推进了至少20年，钱学森本人更成为了中国载人航天奠基人，“中国导弹之父”。

点评： 如果不是强烈的爱国之心，钱学森不会抛弃美国的荣华富贵回到一穷二白的中国；如果不是钱氏家风中爱国情怀的长期熏陶，钱学森不会如其父所言冲破一切阻挡“青春然而归，灿烂然而返”。从临行前父亲当作最贵重礼物交给钱学森的“人，生当有品”的纸条，到他自己将“无一日、一时、一刻不思归国参加伟大的建设高潮”的渴望写在一张香烟纸上辗转交回国内，薄薄的纸条，承载的正是中华儿女对国家的忠诚与热爱！

于敏：名字绝密二十八年的中国“氢弹之父”

“我们几个人去打了一次猎，打上了一只松鼠。”

“你们美美地吃了一餐野味？”

“不，现在还不能把它煮熟，要留作标本。但我们有新奇的发现，它身体结构特别，需要做进一步的解剖研究，可是——我们人手不够。”

“好，我立即赶到你那里去。”

这是发生在一对“猎人”之间对话。但他们的“猎物”，并不是松鼠，而是中国的氢弹事业。

打上“松鼠”的是于敏，赶去支援的是邓稼先。

从第一颗原子弹爆炸到第一颗氢弹试验成功，就是以于敏为首的中国科学家们仅用2年8个月时间做到的。这一中国速度，远远领先美国的7年3个月，英国的4年3个月，法国的8年6个月，苏联的4年3个月。

然而，为了这只“猎物”，自1960年到1988年媒体报道前，很少有人知道于敏是谁，更少有人了解他在做什么。连他的妻子孙玉芹都说：“没想到老于搞这么高级的秘密工作。”

1926年8月，于敏出生于河北省宁河县芦台镇（今属天津市），父亲是小职员，母亲是普通百姓。从小学、中学到大学，于敏一直在国内上学。从北京大学毕业后，于敏被彭桓武、钱三强调到了中国科学院近代物理研究所，这个所是新中国第一个核科学技术研究基地。于敏很快在原子核理论物理研究方面取得了进展，1955年，他被授予“全国青年社会主义建设积极分子”的称号。在研制核武器的权威物理学家中，他几乎是唯一一个未曾留过学的人，是名副其实的“国产土专家”。

1960年底，中国悄悄开始了氢弹技术的理论探索。组织征求于敏的意见。此时，从核裂变的原子弹反应研究，转变到核聚变的氢弹反应研究，不仅要放弃已有的光明学术前途，还要严守机密，连妻子都不能知道。如此隐姓埋名、长年奔波在外，对于敏个人而言，既是损失更是考验。

“搞氢弹是很难的事情，不太符合我的兴趣，但是爱国主义压过兴趣。”于敏下定决心，投入到了氢弹的研究中，“我们国家没有自己的核力量，就不能有真正的独立。面对这样庞大的题目，我不能有另一种选择。”

一切从头开始。当时，国家决定把95%的资源用于原子弹研究，仅有5%的资源用于氢弹研究。条件极其简陋，除了一些桌椅、几把算尺和一块黑板外，只能在仅有的一台每秒万次的计算机上，分配到5%的时长用作氢弹设计。

但穷人有穷办法。于敏靠着惊人的记忆力，领导着工作组人手一把计算尺，废寝忘食地计算，攻克着一个又一个未知的领域。文中开头的对话，就是于敏发现了热核材料自持燃烧的关键，解决了氢弹原理方案的重要课题后，和邓稼先的保密通话。直到今天，于敏为中国氢弹构型的“于敏构型”，仍是世界上保密程度最高的机密之一。

1967年6月17日，中国的第一颗氢弹，在罗布泊沙漠深处腾空而起，震惊了世界，也欢腾了全国。

于敏激动不已，他拉着爱人孙玉芹的手，以当天发了工资的名义，兴奋地建议去买只烤鸭庆祝。因为严格保密，妻子并不知道身边的丈夫就是这场举国欢庆的最大功臣之一，仍以节俭的习惯回应着丈夫：“不时不节的，买它干什么呀。”于敏只能默默地要了一瓶酒，一边喝酒一边听着收音机里面的广播，泪流满面。这就是隐姓埋名的英雄——没人能懂得他的快乐忧伤，更没人能分享他成功的喜悦。

这一晚，是于敏多年来睡得最为安稳的一晚。

第一颗氢弹的成功爆炸，并没有停下于敏探索的脚步。在20世纪80年代，他又率队突破了二代核武器研制，使中国核武器迈上新台阶。而他自己，因为常年的劳累，八上高原，六下戈壁，三次与死神擦肩而过。

1969年，奔波在北京和大西南之间的于敏，胃病日益严重，几乎休克在工作现场；

1971年，于敏气喘不已后突然休克过去，如果那晚他妻子不在身边，估计性命难保；

1973年，他在奔赴西北返京的列车上开始便血，回京后再次休克在了病床上。

从1960年到1988年，于敏这个名字一直是绝密的。直到1988年，于敏的名字才得以解禁。即使这样，他一生也只有两次公开露面：一次是1999年国家为“两弹一星”元勋授奖；另外一次是2015年，国家科技奖颁奖，于敏成为最高科技奖的唯一获得者。

“淡泊以明志，宁静以致远”。这是于敏家中客厅挂着的一幅字，也是他一生心境的真实写照。“一个人的名字，早晚是要没有的，‘留取丹心照汗青’，能把微薄的力量融进祖国的强盛之中，便足以自慰了。”于敏说。

点评：“爱国主义压过兴趣”，于敏的爱国主义，不仅压过了兴趣，还压过了自己28年隐姓埋名带来的种种不便，尤其是一生中对妻子无限的内疚与遗憾。“一句嘱托，许下了一生；一声巨响，惊诧了世界；一个名字，荡涤了人心。”恰如2015年感动中国十大人物栏目组给于敏的颁奖词所描写的，于敏用自己的人生生动诠释了在国与家、公与私、义与情之间的选择，用默默的行动辉煌着个人的名字，和国家、民族的名字一起熠熠生辉。

二、为民服务典型故事

张思德：为人民利益而死重于泰山

毛泽东主席《为人民服务》的演讲，很多人都不陌生。

正是这场演讲，确立了我党和我军为人民服务的宗旨，也让我们记住了一个普通战士的名字——张思德。

“我们共产党、八路军、新四军这个团体，完全是为着解放人民的，是彻底地为人民的利益工作的。” 1944年9月8日，在张思德追悼会上，毛泽东主席高度肯定了张思德完全、彻底为人民服务的思想境界和革命精神，称赞：“张思德同志是为人民利益而死的，他的死是比泰山还要重的。”自此，张思德的形象成了为人民服务的代名词、里程碑。

那么，人民军队的领袖为何会出席一个普通战士的追悼会？张思德短暂的人生历程中，又发生了哪些不为人知的故事？

毛泽东主席的讲话，是深知张思德的经历有感而发。

1933年的秋天，红军解放了张思德的家乡——四川省南充市仪陇县，18岁的张思德第一个报名，从一个贫苦农民的儿子成长为一名光荣的红军战士。此后，他加入共青团、共产党，在战斗部队打过仗、负过伤，在大生产运动中纺过线、烧过炭；他从战士到班长，再从班长到战士，一切从人民利益和党的需要出发，干一行爱一行专一行，高尚品质十分可贵。

长征途中，张思德和战友三过草地，为了缓解饥饿，他总是主动去挖野菜，并且总是第一个试吃，然后向班长汇报哪种野菜能吃，哪种不能吃。为此，他多次中毒。

到达陕北后，张思德因身体负伤未愈，被调离野战部队，编入八路军115师留守警备处担任班长。1942年11月，当了7年班长的张思德，因精兵简政又重新成为了一名战士。组织担心他会闹情绪，找他谈话。张思德坚定地回答："我一定当好普通战士，党给我的任何工作都是为人民服务，坚决服从组织的分配。"

1943年4月，因为表现突出，张思德被选调进中央警备团直属警卫队，在毛泽东主席卫士班当战士。当时，毛主席到延安城开会，乘坐的是一辆黑色轿车，车后侧有一块踏板，专供随车警卫站立，这个位置视野开阔，但总是尘土飞扬。每次出行，张思德总是争着站在这个位置。冬天，延安天气特别寒冷。按规定，车后担任警戒的同志可以放下帽耳遮挡耳朵，但张思德担心放下来后听觉就不灵了，所以宁愿让耳朵吹着凛冽寒风，也要保持高度警惕。

1944年，为解决冬季取暖问题，上级决定派卫士班的部分同志去烧木炭。张思德在老家烧过青瓦，调入中央军委警卫营后，又几次进山烧炭，自然成了首选成员。7月，在为毛主席站完最后一班岗后，他带领几名战士来到了安塞执行烧炭任务。

取炭是最紧张也是最危险的环节，不能等冷了以后再去取，需要争分夺秒。张思德每次都抢先钻进窑里，不顾冒出的火花烤得脸皮发疼，不顾被烟灰呛得喘不过气，以惊人的速度取出木炭，一根一根往外递。仅一个多月的时间，张思德就和战友们烧出了五万多斤木炭，超额完成任务。

1944年9月5日，张思德像往常一样进山挖窑。就在窑洞快要完成时，突然发生坍塌，张思德一把将战友推向洞口，自己却被埋在了洞中，将生命永远定格在了29岁。

张思德牺牲后，毛主席听后很生气地说，打仗死人没办法，搞生产死人不应该。他随即吩咐了三点：那一带狼多，晚上要派人站岗，尸体不能被狼吃了；尽快把尸体挖出来，洗干净，买一口棺材；开追悼会，我要讲话。

1944年9月8日下午，中共中央直属机关隆重举行追悼大会，毛主席亲笔写了“向为人民利益而牺牲的张思德同志致敬”的挽词，即兴发表了《为人民服务》的重要讲话。此时，正值抗日战争走向胜利的关键阶段，毛主席在讲话中阐明了党和人民军队“为人民服务”的宗旨，对鼓舞群众斗志、促进人民团结有着特殊的意义。1945年召开的中共七大上，“全心全意为人民服务”被概括为党的根本宗旨，写入报告和党章。

张思德的一生，阐释着共产党人为人民服务的真谛——如同一节青冈木，投进了熊熊的窑膛，最终化作炽热的木炭，温暖着身边的每一个人。

从此，“为人民服务”这句话流传开来，既为党和军队指明了方向，也为党和军队赢得了千千万万民众的信任。直至今天，在中国武装力量的队列中，仍有着这样标准的口号——“为人民服务!”

点评：“为人民服务”是中国人耳熟能详的话语，既是中国共产党的宗旨，也是很多共产党人的人生信仰。当了7年班长后再重新成为一名战士，当了毛主席的卫士后再去做一名烧炭工，很多现代人不能接受的岗位调整，张思德乐于接受且干劲十足。他用行动说明了：人的一生不能只为自己而活，为他人、为社会创造更多的价值，自己的人生才更有价值。

焦裕禄：为官参政者学习的优秀楷模

1962年，河北兰考。

春天，风沙摧毁了20万亩麦子；秋天，洪水淹坏了30多万亩庄稼；不多的耕地，还被盐碱地碱死了10万亩禾苗；全县的粮食产量，下降到了历史的最低水平。

兰考火车站里，屋檐下挂满了长长的冰凌柱，许多逃荒的灾民迎着纷飞的大雪、刺骨的寒风，扶老携幼等待着国家运送灾民前往丰收地区的专车，然后蜂拥而上逃离家乡……

全县的工作，因为连年受灾，几乎被发统销粮、贷款、救济棉衣和烧煤所淹没了，干部被灾害摧毁了信心，少数人甚至不愿意留在兰考工作。他们害怕困难，更害怕犯错误……

拖着肝病上任的县委书记焦裕禄，面临的正是这样重重的困难！

压着沉重担子的焦裕禄，把第一次县委委员会议开在了兰考火车站。

指着拖家带口逃离兰考的灾民，焦裕禄沉重地说："同志们，你们看，他们绝大多数人，都是我们的阶级兄弟。是灾荒逼迫他们背井离乡的，不能责怪他们，我们有责任。党把这个县36万群众交给我们，我们不能领导他们战胜灾荒，应该感到羞耻和痛心……"

经过前期大量的调研，焦裕禄深刻地认识到，要破除内涝、风沙、盐碱这三害，关键在于县委领导核心的思想改变。"没有抗灾的干部，就没有抗灾的群众。"不首先从思想上把人们武装起来，要想进行除"三害"的斗争，将是不可能的。

所有的县委委员，看到车站的景象，都沉默着低下了头。

此后，焦裕禄又在常委会上深情回忆兰考有个地方，在一个月内曾经有九个区长为革命牺牲，他说：“兰考这块地方，是同志们用鲜血换来的。先烈们并没有因为兰考人穷灾大，就把它让给敌人，难道我们就不能在这里战胜灾害？”

一连串的阶级教育和思想斗争，使县委领导核心在严重的自然灾害面前站起来了。他们打掉了在自然灾害面前束手无策、无所作为的懦夫思想，从上到下坚定地树立起自力更生消灭“三害”的决心。

焦裕禄知道，要制伏涝、沙、碱三害，只有理想和规划是不行的，“没有调查就没有发言权”，必须付出艰辛的努力，进行大量细致的工作。

冬天的兰考，风越刮越紧，雪越下越大，积雪有半尺厚。焦裕禄挨门把全院的同志们叫起来：“同志们，你们看，这场雪越下越大，这会给群众带来很多困难，在这大雪拥门的时候，我们不能坐在办公室里烤火，应该到群众中间去。共产党员应该在群众最困难的时候，出现在群众的面前，在群众最需要帮助的时候，去关心群众，帮助群众。”

他布置完工作，自己就迎着大风雪向乡下一步一步地走去。

这一天，他冒着风雪走访了九个村子和几十户生活困难的老贫农。

为了摸清“三害”的底细，焦裕禄领导县委组成了一支干部、老农和技术员三结合的“三害”调查队，开展了大规模的查风口、探流沙、追洪水工作：每当风沙最大的时候，也就是他带头下去查风口、探流沙的时候；每当雨最大的时候，也是他带头下去冒雨涉水，观看洪水流势和变化的时候……

调查队在风里、雨里、沙窝里、激流里跋涉了五千余里，度过了一个月又一个月，终于掌握了全县84个大小风口、1600个大小沙丘和千河万流，并一个个编了号、绘了图，使全县消除“三害”有了详细的科学依据和战斗部署。

1964年3月，兰考除“三害”斗争达到高潮，焦裕禄的肝病却越来越重了。由于疼得厉害，他常常弯着腰走路，但他自己从不在意，反而笑称自己发明了一种压迫止痛法：“病是个欺软怕硬的东西，你压住他，他就不欺侮你了。”焦裕禄暗中忍受了多大痛苦，连他的亲人也不清楚。

但病魔还是迫使他躺倒在病床上。从开封医院到郑州医院，再到北京的医院，“肝癌后期，皮下扩散”的诊断，让兰考陪同的同志不敢相信自己的眼睛，一连声问道：“什么，什么？”医

《焦裕禄风雪访民情》

生的回应却更令人悲恸："焦裕禄同志最多还有20天时间。"

面对前来探望自己的兰考县委副书记，焦裕禄颤颤地从怀里掏出一张自己的照片："现在有句话我不能不说了。回去对同志们说，我不行了，你们要领导兰考人民坚决地斗争下去。党相信我们，派我们去领导，我们是有信心的。我们是灾区，我死了，不要多花钱。我死后只有一个要求，要求组织上把我运回兰考，埋在沙堆上，活着我没有治好沙丘，死了也要看着你们把沙丘治好！"

在生命的最后时刻，焦裕禄对守在床前的河南省委和开封地委领导，断断续续地说出了最后一句话："我……没有……完成……党交给我的……任务。"

这一天，是1964年5月14日，焦裕禄的生命永远定格在了42岁，然而，他却永远活在了所有中国人的心中！

点评：权力带来的是责任。县委书记的楷模焦裕禄，首先激发了县领导班子面临困境的强烈责任心，再通过大量脚踏实地的调查研究，掌握了全县所有的风口、沙丘和河流数据，最终不顾自身病痛，用科学的方法带领兰考人民战胜了涝、沙、碱三害。焦裕禄的所作所为，给为官参政者提供榜样的同时，也提供了优秀的价值观、方法论。

三、敬岗乐业典型故事

袁隆平：为了告别饥饿

2001年5月1日，《市镇居民粮食供应转移证明》被取消，一代人熟悉的“粮油关系”由此退出历史舞台，凭借粮票、油票购物的岁月一去不复返了。

这代人中，有一个人讲过这样一句话：“不管是冠军还是拳王，只要两餐不吃饭，英雄就变成狗熊。”平实的语言道出的是朴素的真理：吃饭永远都是人类的第一需要，吃饭问题解决不了，人类的和平、安宁、进步就将时刻面临威胁。

讲这句话的是袁隆平。就是他，用科学奇迹般地帮助我们解决了吃饭问题，并让世界数以亿计的人们挥手告别饥饿。对杂交水稻的执着追求，正是基于对解决人类饥饿问题的强烈责任感。

在漫长的人类种植水稻历史中，千万代人都在寻找着增产的良方，但却没有根本性的改变，直到袁隆平将人类摆脱饥饿的眼光，投放到了水稻身上。

当时，在理论上，国内采用的是苏联学术界泰斗米丘林、李森科的植物学理论，在方向方法上，是利用水稻的矮秆基因进行杂交育种。年轻的袁隆平通过自己的观察、实践和思考，没有随波逐流，他顶着政治、学术等各种压力，从他发现的一株野生水稻中，求索出水稻有杂种优势的理论，并确定杂交水稻才是他终生为之奋斗的目标，才是人类争取水稻增产的最好途径。1964年他发现了水稻有天然雄性不育株，随后发表了论文《水稻的雄性不孕性》，正式吹响试验杂交水稻的号角。

虽然，当时中国农业战线专家不认同，世界遗传学的专家和水稻科学家也不能认同，但袁隆平没有放弃。在之后的6年里，袁隆平和助手们用了1000多个品种做了3000多次杂交试验，都没有培养出性状稳定的不育系。在艰难的条件下，他和助手靠尺子、镊子、放大镜，进行了上万次测验，都没有成功，各种嘲讽如涌而至。特别是“文化大革命”中，有人骂他是“科技骗子”，把他的试验田都捣毁了。

权威们不断地怀疑杂交水稻试验，有的人指责水稻杂交试验是对遗传学的无知。经费又非常短缺，精神上顶着巨大的压力。袁隆平仍然像一个执着的农民，白天在水田里“足蒸暑土气，背灼炎天光”，夜里在妻子的掩护下，将残存的小部分试验秧苗藏进一条臭水沟，常常是借着月光继续他的试验。

直到1970年转机才出现。在“三个老鼠一麻袋，三条蚂蟥当腰带”的一个偏远农场沼泽地中，袁隆平的助手李必湖、冯克珊终于找到了一株雄性不育的野生稻。这株被袁隆平命名为“野败”的野生稻，连泥重达二十来斤，是典型的野生稻且雄性不育。

将它移栽到试验田后，袁隆平和助手们连续5天守在田里等它扬花。进行了杂交授粉之后，共结出11粒谷，得到5粒。由于这5粒种子有休眠期，故不能立即播种，于是袁隆平和助手们把“野败”稻节剪下来做无性繁殖，并把珍贵的“野败”无偿分送给全国各地的同行们协作研究。袁隆平这种无私的精神和当时全国科技大协作的良好氛围，终于使海南泥沼中的“野败”在全国与上千个品种进行了上万次回交转育。

为了改善水稻品质，袁隆平经常冬天到云南、海南培育一季水稻，次年4月间返回安江再育两季。那时候从安江到海南，要先坐汽车到通道，然后转车到桂林，改乘火车到湛江，再转汽车到濂江换乘渡船到海口，最后然后转车到三亚，单程需要七天。袁隆平就是挤在人群之间，坐在车厢的连结处，穿过广西赶赴海南的。

到达三亚，行李中有三件宝是随身携带着的：草席、蚊帐、铁桶。到了住地，用水桶提几桶水淋下去就洗去了一天的劳累。卸一张门板，铺一张草席，挂上蚊帐就躺下去过一夜。每当试验田稻种将要成熟的时候，他们为了防止田里的老鼠偷吃稻种，在三亚漆黑的夜只有海风吹过的呼呼声中，睡在田里。田里的蚊子大而猖狂，整夜地嗡嗡叫个不停。袁隆平和学生不断地在田地间用手电照，用棍子打，驱赶老鼠。

而从海南三亚赶往湖南安江，珍贵的种子不能托运。袁隆平和助手们每年都把一包包的种子包好放在胸口，有时候一路上要看种子需要什么温度，就穿多少衣服，裹着稻种赶车赶船。有时候还要在车上浸种，一边催芽一边赶路。

1973年，袁隆平43岁，杂交水稻诞生了。随后，杂交水稻在全国乃至全球逐渐推广。“忆君心似西江水，日夜东流无歇时”，在成功和荣誉面前，袁隆平和助手们还是一如既往地在田间低头艰难跋涉和探索。

“我一直有两个梦：第一个梦是禾下乘凉梦，就是追求水稻的高产、更高产梦；第二个梦是杂交水稻覆盖全球梦，我始终都在努力使我的梦想成真。”2021年5月，袁隆平在三亚工作中摔倒后不久在长沙去世。全国人民对这位“米菩萨”的去世感到十分悲痛，纷纷以各种方式悼念，一时山河失色、日月同悲。

点评：“杂交水稻之父”袁隆平，用一粒种子改变了世界。这种改变的背后，是“为了解决人类第一需要的吃饭问题”的初心。怀着这一初心，袁隆平才敢于突破当时权威理论的桎梏，才能从广阔无垠的大自然中找寻到野生稻“野败”，才能持之以恒不顾严寒酷暑往返天南海北培育稻种。“志不立，天下无可成之事”，袁隆平以解决人类吃饭问题为己任并为之奋斗终生，充分说明了对敬岗乐业的坚守往往来自对“初心”的坚守，而每个人的人生高度也往往取决于自己“立志”的高度。

雷锋：乐做革命的“螺丝钉”

“学习雷锋好榜样，艰苦朴素永不忘，愿做革命的螺丝钉，集体主义思想放光芒。”这是一首很多中国人耳熟能详的歌曲，让我们身边涌现出了一个个活雷锋。

那么，雷锋是怎样做革命的“螺丝钉”呢？

是雷锋立足本职，在平凡的工作中创造出不平凡的业绩；是雷锋在繁忙工作中，抓紧时间刻苦学习，努力提升自己；是雷锋苦干实干帮助别人，全心全意为人民服务。

1958年，全国开展了轰轰烈烈的大炼钢铁运动，雷锋被招收为鞍山钢铁公司工人。到鞍山后，雷锋被分配到鞍钢化工总厂的洗煤车间。车间主任了解到雷锋在家乡是一名拖拉机手，会开拖拉机，打算安排雷锋开推土机，但推土机比拖拉机大，操作更繁琐，冰天雪地的煤场连老司机作业都非常困难，加上户外工作冷得要死，担心雷锋不愿意干。当雷锋知道后，立即找到于主任，大声说："我坚决服从领导对我的安排，困难是会有的，但是我相信我可以克服，我也一定会将工作做好，请领导看我今后的行动吧！"

雷锋的个子又瘦又小，开推土机的李师傅担心他吃不了苦，不大愿意教他。可雷锋却充分发扬了湖南人"霸得蛮"的精神。每天，雷锋都顶着凛冽的寒风提前到达现场，帮李师傅把准备工作做好，抢着干各种脏活、累活。为了清洗发动机滑油泵，雷锋也顾不得天寒地冻，每次都把自己弄得像个"泥猴子"。见雷锋吃得苦耐得烦，李师傅便认真教，雷锋也虚心学，不到一个月，雷锋就能单独驾驶推土机了。因为忘我的劳动和无私的奉献，雷锋多次被钢铁厂评为"先进生产者""红旗手""标兵""积极

挤时间学习的雷锋

分子”。在参加祖国基础建设中，雷锋的青春得到了淬炼。

1959年末征兵开始了，为了实现当兵的梦想，在鞍钢弓长岭工作的雷锋在《矿报》上发表了《我决心应召》的申请书，表达了参军的坚定决心。

1960年1月8日，雷锋正式成为一名解放军战士。他在自己的日记里写道：“这天是我永远不能忘记的日子，这天是我最大的荣幸和光荣的日子。我走上了新的战斗岗位，穿上了军服，光荣地参加了中国人民解放军……”

新兵需要经过严格的训练才能下连队。由于雷锋身体比较矮小，力气不足，特别在投弹这个项目上他感到非常困难，但是，雷锋没有向困难低头，虚心向教官讨教，掌握技巧，别人练的时候，他也练，别人休息的时候，他还在练，终于不负有心人，雷锋取得了优异的成绩，被分配到了运输连，做起了汽车兵。

在运输连，雷锋主要干两件事：一件是汽车上的方向盘，一件是毛主席著作。他在日记中这样写道：“……人不吃饭不行，打仗没有武器不行，开汽车没有方向盘不行，干革命不学习毛主席著作不行。”因此，雷锋入伍没有多久，他就读完了《毛泽东选集》一至四卷。

当时，在工作期间的雷锋，经常听到有的同志说工作这样忙，实在没有时间去学习。他便根据自己的学习体会，在日记中写下这样一段话：“要坚守在自己的岗位上。有些人说工作忙，没有时间学习。我认为问题不在于工作忙，而在于你愿不愿意去学习，会不会挤时间。要学习时间是有的，问题是我们善不善于挤，愿不愿意钻。”

雷锋是这样说的，也是这样做的。施工任务重，雷锋每天都要驾驶汽车东奔西跑，很难停下来学习。为了随时随地抽出时间来学习，雷锋就把书装在自己的挎包里，随身带在身边，只要车一停，没有其他工作，就坐在驾驶室里看书，人到哪里书到哪里，有空就看上一点，出车回来，他也总是挤出时间来学习。熄灯号响后，为了不影响其他同志休息，雷锋有时把灯拿到自己的枕头边，用报纸遮盖起来看书，实在不行，他就到工棚、车场、厨房、司务长的宿舍去读书，并且一读就是大半夜。有一次，雷锋回来看见高指导员也在看书，而且翻看起来没个完，想到明天还要工作，就说：“指导员，别看了，该休息啦。”高指导员看看表：“哎哟，赶快睡觉！明天你要出车，我也要上工地。”就这样，等他们躺在床上，已经是后半夜两点钟了。正由于雷锋有这种挤劲，他读的书越来越多，知识越来越丰富。据统计，他在短暂的一生中，共写了9本近20万字的学习心得笔记。这些是他刻苦钻研革命理论的真实记录。

现在，雷锋虽然离开了我们，但他用有限的生命为无限的革命事业奋斗不止，将自己的青春和热血奉献给党、奉献给人民的英雄形象永不磨灭。他，已经成为美好的代名词，助人为乐、舍己为人的精神载体。我们要以雷锋为榜样，做一滴水、一线阳光、一颗粮食、一颗最小的螺丝钉。

点评：在繁华的社会和时代面前，作为个体的人难免会生出一丝渺茫感。但这不能成为放逐自我的借口。雷锋精神之所以永不过时，就在于他反映的是一种对党、国家、人民无比热爱的崇高理想和奉献精神，是干一行爱一行、专一行精一行的敬业精神，是锐意进取、自强不息的创新精神，是艰苦奋斗、勤俭节约的创业精神。

四、舍生取义典型故事

董存瑞：为了新中国，前进！

“卧倒！卧倒！快趴下！”

激烈的战斗，自1948年5月25日凌晨打响，此时，已快下午3：30，第二轮总攻即将打响。

头顶桥形暗堡喷射的火苗正在不断吞噬着战友们的生命，好不容易冲到暗堡桥下的董存瑞心急如焚：这桥离地面有2米高，砖石砌的两边既没沟也没棱，根本找不到安放炸药包的地方，也找不到任何东西代替火药支架；如果把炸药包放在河床上，又炸不着暗堡。不能在总攻前炸了这个暗堡，更多的战友将牺牲在这里，怎么办，怎么办！

看到一同担任爆炸任务的战友郅顺义急得直攥拳头，想要冲过来帮助自己，董存瑞大喊着“趴下”，自己却毅然挺直了腰杆，左手将炸药包牢牢顶在了桥梁顶端，右手果断地拉开了炸药包的引线。

“为了新中国，前进！”

从拉开引线到炸药包爆炸，只有短短8秒钟时间，董存瑞用

19岁生命发出的最后呐喊，响彻了整个战场，激励着战友们从一个胜利走向另一个胜利，更传遍了整个中华大地，激励着一代代华夏子孙为了国家的兴旺发达而不懈奋斗。

1929年10月，董存瑞出生在河北省张家口市怀来县的一户贫苦农民家，11岁就参加儿童团并担任了儿童团长，并琢磨出了一套送鸡毛信的看家本领：把信藏在牛粪里，然后把牛粪放到篮子里，再用牛粪盖住。用这个妙招，躲过了敌人一次又一次检查。

13岁时，机智的董存瑞成功掩护区委书记王平躲过了日军的追捕，被誉为抗日小英雄。此后，王平每次到董存瑞的家乡南山堡时，都住在他家，跟他讲了许多革命故事。但王平这位人生引路人，在一次开会途中被出卖，拉燃手榴弹与敌人同归于尽。

或许，不屈的革命斗志就这样在董存瑞的心中发了芽。1945年春，未满16岁的董存瑞参加了抗日自卫队，同年7月参加了八路军。

英雄不是一下子生长出来的，董存瑞也是如此。电视剧《为了新中国前进》揭示了这样一个故事。1946年6月，蒋介石发动了全面内战。刚参加部队不久的董存瑞，被迫和所在部队的战友，阻击进犯的敌人。成功完成阻击任务后，董存瑞所在的六班，在班长、共产党员罗志英的请缨下，担任了掩护全连撤退的任务。任务完成得非常艰苦，在最后的突围关口，为了保护董存瑞，罗志英告诉董存瑞一定要“活着、前进”，而自己却牺牲在他面前。

为了保护战友而宁愿牺牲自己的生命，在优秀的革命队伍中，已成为一种风尚、一种传统。

1947年3月，不到18岁的董存瑞光荣加入了中国共产党。过硬的军事技术和机智勇敢的作战风格，让董存瑞在一次战斗中只身俘敌十余人，先后立大功3次、小功4次，获3枚“勇敢奖章”、1枚“毛泽东奖章”。

1948年5月，解放河北隆化的战斗打响。董存瑞所在的六连，负责拔除敌人核心阵地——隆化中学。通过极力争取，在比武中夺得“爆破元帅”的董存瑞，担任爆破组组长。25日凌晨，随着三颗红色信号弹腾空而起，一片寂静的阵地被我军强大的炮火点燃。在硝烟弥漫、烈火滚滚中，董存瑞带领战友接连炸毁了敌人3个炮楼5个地堡，圆满完成了任务。

然而，在隆化中学的东北角，部队突然遭受严重伤亡，原来在学校的围墙外干河道上，敌人还隐藏着一座桥形暗堡。见战斗处于胶着状态，副营长赶到了六连：“下午3点半第二轮总攻将打响，师指挥所命令我们一定要在此之前拿下阵地，我们只有15

分钟了。”董存瑞“噌”地站出来：“副营长，我去炸掉这个暗堡，这个任务交给我。”战友郅顺义说：“我掩护六班长。”

在战友们的火力掩护下，董存瑞和郅顺义挟起炸药包，一会儿匍匐前进，一会儿一阵猛跑。董存瑞的左腿被子弹击中了，鲜血直流，郅顺义被炮弹炸晕后又醒了过来。快要冲进暗堡时，董存瑞指着一个小土堆，要郅顺义在此掩护，自己则快跑迅速冲到了桥下。由此，出现了本文开头的一幕。

董存瑞用手撑起的，不仅是炸药包，更是对胜利的渴望，对新中国的向往。董存瑞将年轻的生命，融入了脚下的土地，更融入了民族的血脉、国家的未来！

点评：人在关键时刻的决断，往往基于人的本能。这一本能，就是融入骨髓的理想信仰。董存瑞在关键时刻牺牲自我炸毁暗堡的举动，就是如此。在董存瑞一路的成长中，区委书记王平、班长罗志英也都在关键时刻做了同样的选择，从而对董存瑞产生了深刻的影响。这是中国军队的优秀传统，也是中华儿女舍生取义的品质代代相传。

黄继光：血肉之躯铸丰碑

“儿啊，你立功没有？立的是大功，还是小功？”

“男决心把母亲来信，变为实际行动来回答祖国人民对我们的关怀和家中对我的期望。”

烽火连三月，家书抵万金。

这封在当时极为常见的家书，是将彼此生命看得最重的母子，讨论如何为国立功、保家卫国。

这封信的主人，是黄继光和他的母亲邓芳芝；书写的时间，是在朝鲜战场最激烈的上甘岭战役前夕。

1931年2月24日，黄继光出生在四川省德阳市中江县一个小山村里。在他出生后不久，父亲就在饥寒交迫中憾然离世。10岁时的黄继光，就重蹈父亲当年被剥削的命运，被迫给地主家打工。

1951年，志愿军在中江征集新兵，黄继光在村里第一个报了名。在苦难中挣扎过来的母亲，怀着已站起来做新中国主人的朴素感情，叮嘱儿子“为穷苦人出力”，帮助朝鲜，保家卫国。

但体检时，因为身高不够，黄继光被刷了下来。满心委屈的黄继光，和因同样原因被刷下来的老乡吴三羊，不甘心地找到了前来征兵的一位营长，并凭借着满腔的参军热情感动了这位征兵领导，同意破格录取他们。

到达朝鲜前线，黄继光、吴三羊和另一个老乡肖登良都被分配到第十五军第一三五团二营六连。一心想要杀敌立功、为新中国未来而奋斗的黄继光，担任了连通讯员，看着老乡吴三羊、肖登良都打死了不少的敌人，黄继光很是羡慕。

黄继光按捺不住自己的心情，就向副指导员请假三天，然后偷偷上前线，与敌军正面打一战。副指导员得知他的心思后问道："你看我这只手表，时针、分针、秒针不停地在转，你知道它为什么在转？又是什么推动它在转呢？"

黄继光从来没看过手表，自然不知道。副指导员就用小刀将手表背面打开，指着内部的许多零件说："这是发条、齿轮、小螺丝，如果缺一样，手表的时针、分针、秒针就会停止不动。我们的战场，就像这块手表一样，每个战士都是其中的一个小零件，虽然分工不同，但他们的作用是一样的，都是必不可少的。"

听完这席话，黄继光心里明亮了，但在做好本职工作的同时，他仍然经常学习和练习手榴弹、步枪等武器的使用。这种对战斗的热诚，多次受到连长的表扬。

1952年10月，上甘岭战役开始了。19日晚，黄继光所在二营必须在天亮前占领上甘岭右翼597.9高地。接近黎明时，黄继光所在的六连已发起了五次冲锋，但是始终都无法突破敌军的机枪火力点。不能完成任务，我军的后续反击战就无法展开，整个战局都将受到极大影响。

一直关注战局的黄继光早就跃跃欲试。他拿出写好的决心书，请求出战，炸了敌军的机枪火力点。营参谋长看着他的决心书："坚决完成上级交给的一切任务，争取立功当英雄，争取入党。"便命令黄继光带着他的两位老乡吴三羊、肖登良组成爆破组，完成作战任务。

三位志愿军战士冲了上去，连续摧毁敌人几个火力点。可是，他们准备再炸掉最后一个火力点时，敌人发射了一枚照明弹，整个战场宛如白昼，三人顿时暴露在敌军面前。随后，敌人的机枪扫射过来，猝不及防下，吴三羊不幸牺牲，肖登良身负重伤，黄继光的左臂也被机枪打穿。

面对钻心般的痛楚和敌人的猛烈扫射，黄继光猛地投出了最后一枚手雷，敌机枪瞬间就哑了，黄继光也被手雷的爆炸声震晕，倒了下去。

志愿军趁势发起冲击，片刻，残存在堡内的机枪又突然疯狂扫射，部队再次受阻。这时，黄继光也被战场的枪弹声震醒。

关键时刻，没有人知道，弹药已用尽、身体已受重伤的黄继光，是如何忍着剧痛爬到地堡射孔，能够毅然跃身而起，张开双臂直扑火力点，用胸膛堵住敌人正在扫射的枪口，死死堵住敌人正在喷射火舌的枪眼，为部队冲锋扫清了道路。此后，志愿军迅速攻占了上甘岭高地，全歼守卫的美军两个营约1200多人。

占领阵地的战友们发现，黄继光宽阔的胸膛还紧紧地堵着敌人的枪口，双手也还牢牢地抓着周围的麻袋，他的腿已被打断，身上有七处重伤。在他的身后，有一道长长的血印，来到碉堡前，他身上的血几乎流光了。

1953年4月，黄继光的母亲邓芳芝出席了全国妇女代表大会。毛泽东主席特地请她到中南海做客，握着她的手说："黄妈妈你好哦，多亏你把黄继光教育得好，教育他为人民服务。"

这是一位人民领袖对一位老百姓的表达，更是一位烈士的父亲对另一位英雄母亲的敬意。

点评：从前线的儿子，到后方的母亲，抵万金的家书讨论的主题不是惜小身保全自己，而是如何为国立功、立大功，这就是中国之所以能胜利的根本原因，也是中华民族之所以能屹立在世界民族之林的根本原因。英雄黄继光和他的英雄母亲邓芳芝，是千千万万中华母子的代表，更是千千万万中华儿女的榜样。

邱少云：在烈火中永生

在中国革命军事博物馆中，展览着一把普通的钢枪，枪身虽然完整，但枪托已被烧成了炭黑色。在枪的旁边，有一块巴掌大小的军衣残片。这是被烈火吞噬的一个年轻战士留下的遗物，它们的主人，在中国军事史上有一个伟大的名字——邱少云。

1926年，邱少云出生于重庆市铜梁区少云镇（原四川铜梁县关溅乡）玉屏村邱家沟。他9岁丧父，11岁丧母，13岁被国民党军队抓去当兵。1949年成为中国人民解放军中的一员，1951年3月参加中国人民志愿军赴朝作战。

1952年10月，闻名中外的上甘岭战役打响，邱少云所在的部队，参加争夺391高地的战斗。

“敌人控制的391高地，像一颗毒牙，楔入我们志愿军的阵地。我们准备在黄昏时分发动突然袭击，拔掉这颗毒牙，把战线往南推移。”邱少云的战友李元兴在《我的战友邱少云》中，如此描写着战场的环境。

391高地前有一片蒿草丛生的开阔地。为了减少伤亡，指挥部决定兵行险棋：在发起攻击的前一天晚上，派出500多名战士潜伏于此，而后出其不意地发起突然进攻。之所以说是险棋，是因为要在敌人的鼻子底下潜伏一天一夜，确保不被敌人发现。

为了确保成功，部队进行了几次模拟演习，平时训练有素的邱少云却动作慢了一点，没能完成任务。关键时候掉链子，连长决定取消他的潜伏任务。这是，卫生员告诉大家一个秘密，原来邱少云的大腿上长了一个疮，影响了战斗动作的完成。

邱少云急了，连忙掏出早就写好的决心书，“宁愿自己牺牲，决不暴露目标，为了整体，为了胜利，为了中朝人民和全人类的解放事业，愿献出自己的一切。”

11日夜晚，邱少云如愿和战友们潜伏在了391前沿阵地。邱少云所在的三班是爆破班，专门负责搞爆破炸毁铁丝网和火力点，因而潜伏在队伍的最前方，离敌人仅有六十来米远，透过草峰，就可以看到高地上的地堡、山脊上持枪巡逻的敌人，可以听到他们的交谈声。

或许，阵地前这片开阔地的寂静，加剧了敌人的不安和怀疑。12日下午4时许，敌军的侦察机飞临潜伏区上空，同时又向潜伏区投来了十几颗燃烧弹。

一枚燃烧弹正好在邱少云的附近炸开，瞬间引火的燃油四溅。他的左腿被燃油浸满了，火从他的左腿上，渐渐地蔓延到他的全身。此刻，邱少云只要翻动一下身子，就可以压灭大火。他的后面是条水沟，只要他后退几步，在泥水里打个滚，也可以把火熄灭。但邱少云一直保持着潜伏的姿势，只是把手紧紧地往身前的地里插去，生怕自己发出一点声音。

“这怎么忍受的呢？……我不敢朝他那儿看，不忍眼巴巴地看着我的战友被活活烧死。但是我忍不住看，我盼望出现什么奇迹——火突然间熄灭。我的心像刀绞一般，泪水模糊了我的眼睛。”多年后，战友李元兴回忆着当时的情景仍泪流满面。

为了整个班，为了整个潜伏部队，为了这次战斗的胜利，邱少云像千斤巨石一般，趴在火堆里一动也不动。烈火在他身上烧了半个多钟头才渐渐地熄灭，直到最后一息，他也没动一寸地方，没发出一声呻吟。

黄昏时候，攻击的时间终于到了，“为邱少云同志报仇！”战士们怀着满腔怒火，只用20多分钟就勇猛地冲上391高地，歼灭美军1个加强连。

战友们来到邱少云牺牲的地方，发现了英雄的遗体。此时，他的身上，仅有身子下的一小块布还保持着原状。原本一米七的壮小伙，此时就是一堆仅有70公分的焦尸。连他的那支冲锋枪，都已经被烧得一团焦黑。唯一还留有一些血肉的，是那双插入泥土的双手！

战后，战友们怀着深深的敬意，将他的名字镌刻在391高地陡峭的石壁上："为整体、为胜利而自我牺牲的伟大战士邱少云同志永垂不朽！"

邱少云用最坚忍的潜伏，完成了中国士兵最勇猛的突击。

"中国军队的实力更多地表现在坚韧顽强、不畏牺牲的精神。这对我们来说，是谜一样的东方精神。"美军克拉克将军在回忆录里如是写道。

点评："谜一样的东方精神"是中国人根植在血脉中的家国情怀、舍生取义。邱少云为了保护战友、完成战斗任务，忍受了常人难以忍受的烈火炙烤而岿然不动，如果没有为整体、为利益的强大精神信仰，是绝对不可能的。一个平凡的身躯，加上一份崇高的信仰，成就了一个永恒的生命，永远活跃在世界的东方。

张超：梦向深蓝　悲撼海天

“那四点四秒，祖国失去了优秀的儿子，你循着英雄的传奇而来，向着大海的方向去。降落，你对准航母的跑道，再次起飞，你是战友的航标。”这是《感动中国》栏目给张超的颁奖词。2016年4月27日，张超用自己的生命，拼尽全力挽救自己的战机而英勇牺牲。这一年，他29岁。

出生在湖南岳阳的张超，从小背诵着“先天下之忧而忧，后天下之乐而乐”的名句，听着三湘大地英雄儿女的故事长大，小时候的照片不是穿着军装就是戴着军帽，有二十多年军龄的舅舅是他的偶像。2004年，空军到他就读的岳阳七中招飞，经过层层选拔和高考，他终于当上了梦寐以求的空军飞行学员。

向往“飞行一线”的张超，拒绝了留校任教的机会，2009年来到了“海空卫士”王伟生前曾经战斗过的南航某团。凭借超常的毅力和训练，张超在同批战友中几乎囊括了全部第一，迅速成长为一名优秀的三代机飞行员，成为“尖刀班”的“尖刀飞行员”。

一次夜间跨区域转场训练中，张超和其他6名新飞行员成功实现了“空中连环三级跳”后，天气突然变化，海天之间一时乌云翻滚、暴雨如注，能见度骤然降到不足百米。备降机场天气也十分复杂，更要命的是飞机油量所剩无几。关键时期，张超主动担任起“领头雁”，第一个呼啸着冲出云层实施迫降。凭借高超的技术，他的战机成功避开了跑道积水侧滑险情，在积满雨水的跑道上冲起数米高的水帘后稳稳停了下来。其他6架战机也依次在大雨中强行着陆。

来到“飞行一线”的张超，很快在一线展示了中国军队的威武。2011年初，张超首次担负战备值班任务，就与闯入中国岛礁空域的外军侦察机狭路相逢。外军的飞机大，具有低速优势，外军飞行员为了给张超造成跟飞困难，就不断降低时速。张超则一边冒着失速的风险收起飞机的襟翼，一边在外机一侧做S形机动，用航程换取时间。从高速降到低速，再从低速拉到高速，在张超无惧的对抗中，外机灰溜溜地逃离了。

航母舰载机飞行被称为“刀尖上的舞蹈”，有文章称其风险系数是航天员的5倍，是陆基战机飞行员的20倍，其未知性、风险性，会令一些人望而却步。然而，其开拓性、挑战性，也会令某些人怦然心动。

“舰载机再危险也得有人飞，你不飞，我不飞，中国航母什么时候才能真正形成战斗力。”张超显然属于后者。2015年，经过严格测试，张超成为中国海军最年轻的舰载机飞行员。

虽然已飞过8型战机、改装歼-8飞机、新型国产三代战机，但在舰载战斗机飞行员队伍，同班的飞行员早在两年前就开始了学习训练。张超的加入，还承担着一个重要使命：如果能在1年内赶上战友们两年多的训练量，就说明新的训练方案是可行的，可以大大加快航母舰载战斗机飞行员培训进程。

进入“加力模式”的张超没有令人失望：6个月追平其他战友的训练进度，10个月时第一次驾驶歼-15飞上蓝天，且所有课目考核都是优等 。

2016年4月27日，碧空如洗，张超将完成两个架次的飞行任务。第一架次是超低空掠海突防任务，张超驾驶战机如行云流水般一气呵成，指挥员打出了本场次的最高分。

第二架次是要连续6次在与辽宁舰甲板1：1的陆基着舰区完成模拟着舰。开车、滑出、拉升、腾空而起、盘旋、精准着舰。周而复始，张超五战五捷。

开始第六次着舰了。突然，无线耳麦传来了急促的语音警告：电传故障，检查操纵故障信号！这一故障就如同时速240公里的汽车，方向盘突然失灵。

“跳伞！跳伞！跳伞！”塔台指挥员对着话筒连续大喊。生死一瞬间，张超却首先选择了“推杆”，拼尽全力挽救飞起。这个动作，在以秒定生死的跳伞窗口期，张超坚持了4.4秒。正是这个选择，让他错过了跳伞自救的最佳时期。

12时59分16秒，救生伞还没来得及张开，张超就重重摔向了地面。面对营救自己的队友，张超充满了遗憾和不屈地说道：“我是不是要死了，再也飞不了了……”15时08分，张超年轻的心脏，永远停止了跳动。

“人民海军要想走向远海大洋，就要有一群不畏风雨的海鹰，哪怕是付出生命的代价，也要振翅高飞。”无论何时，张超的话语都回响在中国领海和世界海洋的上空，激励着一个个战友，让中国海军走向深蓝，走向更广阔的未来！

点评：张超是与我们处于同一时代的人民英雄。他的一生，在能选择安逸的时候选择了风险，在能选择家庭的时候选择了国家，在能选择尽孝的时候选择了尽忠。在生命的最后时刻，他在生与死的选择中，用4.4秒放弃第一时间跳伞逃生，选择全力推杆挽救战机。他的每一次选择，都无关个人利益。正如他的妻子张亚所言：“像他们这样的人，就是带着使命来的，先天下之忧而忧。”

第三编

传承笃行好家风

第一节 家风文化中的爱国精神

习近平总书记说：“爱国，是人世间最深层、最持久的情感，是一个人立德之源、立功之本。”中华民族的爱国主义精神源远流长，深植于历史、文化和情感之中，已经成为中华儿女心中不可磨灭的精神支柱。

爱国是每一个中国人的责任，是我们心中最深处的情感，也是我们应尽的义务。家是最小国，国是千万家，作为公民基本道德准则的爱国精神，理所当然地也是优秀家风文化的重要组成部分。正是对爱国精神的强调，使得优良家风得以超出一家一户的“小家”，而成为联结万千家庭的“大家”之风。

一、国家认同

国家认同，是指对自己国家的看法，具体体现在对这个国家的构成，如政治、文化、族群等方面的评价和情感。

国家认同看似宏大，却是我们生活中的重要内容，一个人只有把自己融入国家的现实生活中，确立对自己国家的归属感和认同感，才能最终实现自我的价值。更重要的是，国家认同是我们的人生发展到一定阶段不可或缺的精神需求，同时也是一个人实现自我价值的根本方向。

一个人只有把自己融入国家的现实生活中，确立对自己国家的归属感和认同感，才能最终实现自我的价值。

每个人的价值观都是在不断地适应外部环境的基础上逐渐形成的，我们无法完全没有偏见地融入这个世界，一定存在着某种偏爱，也就是对我们生于斯、长于斯的乡土家园和精神故土，对我们置身其中的社会与国家持认可态度，因为它们塑造着我们对世界的认识、对人生的理想。

家风大处即国风，家风正，则国风清；家风善，则国风和。弘扬爱国主义的优良家风，尤其需要强化对国家的认同感和归属感。

（一）身份认同：我是中国人民的儿子

“我是中国人民的儿子。”这句话是改革开放总设计师邓小平同志说过的，他的原话是这样的：“毛泽东主席说过这样的话：‘国际主义的共产党员，是否可以同时又是一个爱国主义者呢？我们认为不但是可以的，而且是应该的。’我荣幸地以中华民族一员的资格，而成为世界公民。我是中国人民的儿子，我深情地爱着我的祖国和人民！”

作为一名中国人，中华人民共和国公民的身份是一种重要的认同，它代表着个人对国家的尊重和忠诚。1990年5月，一名来自北京的中学生梁帆，受联合国儿童基金会的邀请，前往荷兰参加“世界儿童为和平为未来”见面活动。到达荷兰后，她惊讶地发现，宾馆门口竟然没有代表中国的五星红旗，便立刻联系了活动组委会的负责人详细地询问起来：“我怎么没有看到我们中国的国旗？一定要升起五星红旗，因为我在这儿！”梁帆同学深深地认同自己中国公民的身份，她坚信自己代表着中国。

作为中国公民，不管你在哪里，身后都有祖国强有力的保护和依靠。2011年，利比亚政局突变，中国迅速采取行动，在短短8天内，便成功将近4万同胞接回祖国。当时有人问利方海关人员：“为什么中国人能回去，我们却不能？”结果被反问：“你们国家有派人来组织出境吗？”

2015年，也门爆发了战乱，但在两天的时间里，571名中国公民安全登上中国海军舰艇，成功脱离了危险。

尼泊尔遭受8.1级强烈地震，中国航空公司率先赶赴灾区，运送上千名中国公民安全返回祖国。

2016年，新西兰爆发了一场大地震，造成了严重的海啸灾害。中国领事馆迅速派出所有可供使用的直升机前往灾区，经过40个小时的紧急救援，最终成功将125名中国游客安全转移。

国际媒体说，有一种速度叫作中国撤侨。因为中国总能以最快的速度抵达危险地点，帮助本国公民撤离。这使中国公民的身份受到许多外国人的艳羡，无疑大大增进了中国人民的国家认同感。

著名物理学家杨振宁不仅在学术领域有着极高的造诣，作为一名海外华人，他那强烈的身份认同感与民族意识同样令我们肃然起敬。这种身份认同感，源于他从小接受传统文化教育的一点一滴渗透与熏陶，尤其是父亲杨武之的言传身教。杨武之自美国留学归来后，便立志要为中国的教育事业作出贡献，他先后执教于厦门大学、清华大学、西南联大等高等学府。他以身作则，勤勉尽责，在炮火连天的恶劣环境下依然不忘初心，为国家培养出了华罗庚等栋梁之材。杨武之在厦门的时候，就开始教育儿子学习中国历史上的朝代更替顺序、天干地支的排列，甚至还有《周易》八卦的知识。当杨振宁12岁时，杨武之特意请来老师，为他讲解《孟子》，并且传授了许多历史知识，因此，杨振宁在中学时期就可以熟练地背诵《孟子》的全部内容。

杨振宁深知，父亲对他加入美国国籍深感不满，在1983年作了这样的记述："我知道，直到临终前，对于我的放弃故国，他（父亲）在心底里的一角始终没有宽恕过我。"尽管国籍已不再是中国，但他的心始终牵挂着，并以实际行动彰显着自己对家乡的认同。

1971年，中美关系刚刚出现"破冰"的迹象，杨振宁大为振奋，立即决定回国探亲。怀着无比激动的心情，他回到了阔别26年的祖国，并由衷地为新中国取得的成就感到高兴。在1973年杨武之的追悼会上，他的一席话充分体现了继承自父亲的强烈国家认同感："在他（父亲）的一生77年的时间里，历史有了惊天动地的演变。……我想，新中国的实现这个伟大的历史事实以及它对于世界前途的意义，正是父亲要求我们清楚地掌握的。"2015年，早已回到清华大学执教的杨振宁选择放弃美国国籍，重新转为中国国籍，继续为祖国的科学事业发挥着余热。

（二）文化认同：璀璨浩瀚的中华文明中最深层次的认同

习近平总书记指出："文化自信是一个国家、一个民族发展中最基本、最深沉、最持久的力量。向上向善的文化是一个国家、一个民族休戚与共、血脉相连的重要纽带。"

随着当今经济全球化的发展，文化认同已经成为民族认同、国家认同的核心，它不仅是社会发展的基石，更是综合国力竞争中不可或缺的"软实力"。

1.博大精深的传统文化令我们自豪。中国文化源远流长，历经数千年的发展，凝聚着华夏民族的精神，一直保持着独特的魅力，这是中国乃至世界的一笔宝贵财富，无与伦比，无法复制。古典诗词曲赋优美动人，民乐戏剧、国画书法精湛绝伦，灯谜酒令、对联歇后语充满趣味，春节、元宵、端午、中秋等传统佳节更是饱含华夏儿女的美好祝福……中华优秀传统文化，将个人、社会、自然紧密结合，为社会和谐发展提供了深厚的精神滋养。

随着时代的发展，我国的优秀传统文化正在不断地被推广到全球，其影响力也越来越广泛。以孔子学院为例，到2018年12月，全球共有154个国家（地区）建立548所孔子学院和1193个中小学孔子课堂，为世界带来了丰富多彩的文化体验。尤其是我国传统文化中的仁爱、和合、民本等思想，为新时代中国特色社会主义文化奠定了厚实的底蕴。[1]

青蒿素的发现源自对我国传统中药的深入挖掘，并结合现代科学而被全世界接受，造福众多疟疾患者。屠呦呦通过研究古今中医药典籍、拜访各地著名老中医，收集了治疗疟疾的秘方640余种。更值得一提的是，东晋葛洪所著《肘后备急方》给了屠呦呦灵感，她通过改用低沸点溶剂的提取方法，解决了青蒿提取物实验药效不稳定的问题，最终成功发现了青蒿素。

在诺奖演讲台上，屠呦呦说道："青蒿素是传统中医药送给世界人民的礼物。"屠呦呦为中医药注入新的活力，给中医药领域带来了前所未有的突破，激发出无穷的创造力，更大大增强了中医药研究者的信心和动力，让中华传统文化绵延不绝，传承不止。

[1]向长征：《增强青少年国家认同的四个向度》，《中国德育》2020年第8期。

2.独具特色的文化符号令我们骄傲。中国的文化符号承载着国人的光荣和梦想，突出了中国与他国的“区别感”，强化了中国人的“自我感”和自豪感。2011年，利比亚撤侨时，有1000多名中国人没有护照，利方海关人员问：“怎么能确定他们都是中国人？”有人向总指挥提议：用唱国歌的方式找到同胞。于是大家重新排成方队，高声唱着国歌，整齐地向关口前进，利比亚警察边鼓掌边喊着“中国人”，国歌成为令撤侨关口所有人瞩目的中国符号。龙是中华民族最早的图腾之一，中国人常常自诩为龙的传人，这就是对文化符号的认同，还有黄河、长江、珠穆朗玛峰、长城、天安门、故宫、青藏铁路、港珠澳大桥、复兴号高铁、“两弹一星”、北斗导航、量子通信等，都是中国历史上不可磨灭的文化象征，它们代表着中华民族的精神和文明，是中华民族发展史上不可磨灭的印记及文化符号……所有这些

中国的文化符号承载着国人的光荣和梦想，突出了中国与他国的“区别感”，强化了中国人的“自我感”和自豪感。

文化符号构成了中国身份认同的边界，也为世界各国人民所认识。[1]

在2022年冬奥会的建设场地崇礼，气象服务队的成员们为了给比赛提供更优质的竞技环境，每天要在大约零下十七摄氏度、风速十米每秒的恶劣条件下人工测量精确的气象数据。在凛冽的寒风中，领队郭宏经常凝视坝上的国旗，宣告着他的决心和承诺："我们团队一定要拿下冬奥气象服务队这枚金牌。"每当看向那面象征着中华民族数千年文化与自强精神的五星红旗，他们内心深处的文化认同感便油然而生。正是对民族的自豪感、对国家的荣誉感，使他们有了前进的动力，所以才能够克服种种困难，不遗余力地出色完成任务，在北京冬奥会中交出了一份完美的答卷。

（三）民族认同：中华民族的认同，才是大国崛起的基础

中华文明由各民族优秀文化百川汇流而成。我国是由56个民族组成的统一的多民族国家，各民族的团结合作，构筑起了中华民族的伟大复兴，他们的精神、智慧、勤劳和勇气为中华文明的发展作出了巨大贡献。从古至今，中华民族在漫长的历史长河

[1]向长征：《增强青少年国家认同的四个向度》，《中国德育》2020年第8期。

中，经历了无数次的沧桑巨变，一次次的外敌侵略、一次次的异族文明挑战，从一次次的迁徙到一次次的融合，形成了多元而又统一的民族实体，是各民族你中有我、我中有你、血脉相连、不可分割的有机整体。新中国成立以来，我国确立了民族区域自治制度，采取了西部大开发、精准扶贫等一系列发展战略，通过对口支援、国家财政投入等措施，大大推动了少数民族地区的经济、社会、文化、教育发展，形成了平等、团结、互助、和谐的新型民族关系，缩小了民族地区与其他地区的差距，使少数民族有了更多的获得感、幸福感，增强了中华民族的凝聚力、向心力。[1]

土尔扈特部东归的故事，正体现了各民族对共同的中华民族的强烈认同感。土尔扈特部是卫拉特蒙古（明朝时称为瓦剌）的一支，几百年来一直在我国的新疆地区过着逐水草而居的游牧生活。到17世纪初，为了逃离准噶尔部的入侵，他们不得不往西迁徙，最终来到人烟稀少的伏尔加河下游地区，建立起土尔扈特汗国。在此后的一百多年间，土尔扈特人也始终不忘故土，与清王朝保持着友好的关系，不时向清廷进贡方物、进行贸易，还曾在

[1]向长征：《增强青少年国家认同的四个向度》，《中国德育》2020年第8期。

〔清〕 佚名 《万法归一图屏》

土尔扈特部东归，乾隆热情相迎，邀其共听高僧讲法。

清朝平定噶尔丹叛乱的战斗中派兵配合，为维护祖国统一、民族团结作出了贡献。

然而，随着沙俄帝国对周边的持续侵略扩张，土尔扈特部的宁静生活被打破了。沙俄不仅强加给他们沉重的经济负担，还大肆征调土尔扈特人充当对外侵略的工具，使得部族内青壮年锐减。严酷的压迫，使得土尔扈特部的人口由17世纪末的7万余帐下降至18世纪60年代的4万余帐。1771年1月5日，土尔扈特部首领渥巴锡决定摆脱沙俄的残暴统治，率部众回归祖国的怀抱。

回归的路途上，充满着艰难险阻。沙皇在得知土尔扈特部东归的消息后大发雷霆，亲自下令派遣大批哥萨克骑兵追击。为了抵抗敌人，9000余名战士牺牲了；同时土尔扈特人还面临着严寒与瘟疫的袭击。可是，在渥巴锡的带领下，他们宁死也不回头，以惊人的毅力向着祖国的方向前进。终于，在经过了8个月、上万里的艰苦跋涉，在付出了超过8万人的惨重牺牲后，土尔扈特人回到了阔别上百年的故土。他们的壮举深深打动了全国人民，各地纷纷慷慨捐赠，清政府也将水草丰美之地划给他们作为牧场。土尔扈特人之所以能克服一切艰难险阻，不远万里东归故国，根本原因正是他们对于中华民族的强烈认同感；而各族人民对土尔扈特部回归的热情欢迎，也体现了中华民族的强大向心力与凝聚力。

二、精神皈依

如果在物质和精神之间选择一个作为你未来生活的追求，你会选择哪一个?

可以想到，有些人会选择物质，毕竟物质是生存的根本。但也有人会选择精神，因为没有精神指导的物质生活是贫瘠的，严重地说，是如行尸走肉一般的。人的生活总是需要指引的，而在当下社会，大部分人都是为了生活而生活，他们总是忙忙碌碌，但又碌碌无为。只有少部分人是有理想追求的，他们明白自己想要的是什么，他们有精神的皈依之所。

精神皈依的意思是，一个人有着精神上的追求，身心受精神指导。人们往往纠结于物质追求还是精神追求，但二者的关系却并不是简单的非此即彼。实际上，精神可以弥补物质的不足，而物质却不能填补精神的空白。而在指引人生方向的种种精神之间，爱国精神无疑是其中的主旋律。所以，追求精神财富、寻找精神皈依，将对于爱国精神的追求转化为切实行动，应当是我们不懈奋斗的最终目标。

（一）苟利国家生死以，岂因祸福避趋之

第一次见到“苟利国家生死以，岂因祸福避趋之”这两句诗，是在中学的历史教材上，记得那时正是讲中国近现代史的开篇，在教材前几页的位置，是对林则徐虎门销烟事迹的介绍，旁边的插图是林则徐大义凛然的形象，图下配文便是他在《赴戍登程口占示家人》诗中的这两句。它的意思是，只要有利于国家的事，将不顾个人的安危生死，一定要坚持到底，决不因为怕灾祸而畏缩躲避。100多年来，这两句诗早已经成为无数爱国人士的座右铭。

1. 前世：苟利社稷，死生以之

《左传·昭公四年》：“郑子产作丘赋。国人谤之曰：‘其父死于路，己为虿尾。以令于国，国将若之何？’子宽以告。子产曰：‘何害？苟利社稷，死生以之。’”

意思是郑国的子产实行丘赋，国都的人们不满，纷纷议论。对此子产却说：“如果对国家有利，个人的生死就由他去吧。”

子产不仅是孔子杰出的学生，更是春秋时期一位杰出的政治家和思想家。他曾经先后辅佐郑简公、郑定公，实施了一系列自上而下的变革，不仅保障了国家的利益，还严格限制了贵族的特权。而此处说的“作丘赋”，是指吸纳“野人”（未被征服部落地区所居住的人）进入战斗序列，加强军事实力；将国家征税范

围扩大到“野”（未被征服部落地区），增强国家财力。通过这次改革，当时的国野边界被彻底打破，兵源得以拓宽，从而为春秋末期的战争提供更多的兵力支持。虽然，这次改革因为取消国人特权而受到特权阶级的反对和阻挠，但是子产还是秉承着“苟利社稷，死生以之”的信念，坚定地将改革推行了下去。

子产在治国的过程中，进行了一系列卓有成效的改革，不仅稳固了郑国的国势，而且形成了独具特色的朴素爱国主义思想。

2. 今生：苟利国家生死以，岂因祸福避趋之

19世纪中叶，面对鸦片风靡全国的严重局面，作为严禁派的领军人物，林则徐在给道光帝的奏折中指出：“鸦片以土易银，真可谓之谋财害命。”“视之是使数十年后，中原几无可以御敌之兵，且无可以充饷之银。”道光帝阅后大受震动，于是命林则徐前往广州禁烟。

林则徐于1839年3月10日到达广州，刚一到任便开始了风风火火的禁烟运动，重拳打击鸦片走私势力。他说：“若鸦片一日不绝，本大臣一日不回。”

然而，林则徐的禁烟行动处于内外夹攻的不利境地，当时外有英国不法商人以及支持鸦片走私的英国政府，内有一个庞大的鸦片走私集团和受其贿赂的官僚保护伞。可以说，禁烟既是一次禁毒行动，也是一场反腐败风暴。因此“虎门销烟”沉重地打击了英国侵略势力，却同时也让民族英雄林则徐陷入进退两难的境地。

1840年鸦片战争爆发，道光帝由于英国武力威胁而倒向投降派，将“轻启边衅”的罪名归咎于林则徐，将他革职交部。1841年，决心求和的道光帝再次下令革去林则徐四品卿衔，“从重发往伊犁，效力赎罪”。

林则徐便是在这时作下了不朽的诗篇《赴戍登程口占示家人》：“力微任重久神疲，再竭衰庸定不支。苟利国家生死以，岂因祸福避趋之！”它正体现了林则徐内心深处对国家和民族的强烈责任感，以及深重的忧患意识。

林则徐一生为官三十载，经历了许多艰辛和挫折，但他从未忘记“破荡败业非子孙”的祖训，要求子孙后辈都能勤奋上进、克己奉公、诚意待人、忠于职守。在福州任职期间，习近平总书记就曾强调：“要继承、发扬林则徐坚贞不渝的爱国精神和气贯长虹的民族正气，学习他清廉刚正的高尚风范，学习他‘开眼看世界’的开拓精神。”

3.“苟利国家生死以，岂因祸福避趋之”的当代意义

林则徐这种为了国家利益而把个人的生死祸福置之度外的伟

大爱国主义情怀，以及他“鞠躬尽瘁，死而后已”的崇高品德，是身处新时代的我们所应当学习的。

2020年，面对突如其来的新冠疫情，作为新时代的新青年，许多90后纷纷脱下校服，换上防护服，秉持着“国家兴亡、匹夫有责”的信念，成为奋战在第一线的抗疫战士。曾被称为“垮掉的一代”的这群90后，他们迎难而上，用实际行动撕下了这个错误的标签，向人们书写了“责任”二字，展示了新青年应有的担当。而在他们之中，一群来自汶川的孩子尤其令人感动。

2008年5月12日那一天，“地裂了”，很多家庭也因此“天塌了”！一幕幕揪心的画面牵动着全国人民的心，各地群众纷纷对汶川人民施以援手。那一年，这些还只有十来岁的孩子们，在全国人民的帮助下重建家园。

12年后，新冠疫情暴发，曾经的这群孩子们又纷纷挺身而出，成为逆行而上的抗疫英雄——“长大后我就成了你”。当他们收到医院召集人员组建援鄂医疗队的消息时，他们毫不犹豫地报名参加，而他们最令人感动的话语就是：“我和其他医护人员不一样，我是汶川人。”

12年前，他们得到了全国人民的帮助；12年后，在国家和人民最需要的时候，他们又主动请缨奔赴前线。“个人生死是小，国家安危是大”，在疫情席卷全国之时，不顾个人安危奋战在抗疫前线的这些90后，用时代之笔书写着责任和担当。这种精神正是继承民族英雄林则徐“为国尽瘁”的爱国主义的最好体现，也正是“苟利国家生死以，岂因祸福避趋之”在当代的最佳诠释。

（二）历尽难中难，心如铁石坚

“心存汉社稷，旄落犹未还；历尽难中难，心如铁石坚。”这句话出自近代著名爱国书法家、教育家蒋荫棠创作的爱国歌曲《苏武牧羊》。它的意思是，心中牵念汉朝，但使节节杖上的旄毛都脱落了，却仍不能归国；虽然经历了很多苦难，但对国家的忠心犹如铁石一样坚定不移。苏武牧羊的故事在我国家喻户晓，他那受尽百般磨难，也决不背叛祖国的气节，流芳百世。

当时，汉朝和匈奴之间的矛盾越来越激烈，朝廷特地派遣苏武出使匈奴。不幸的是，他的副手虞常勾结匈奴人准备谋反，毫不知情的苏武被牵连入狱，扣留了下来。但他不失气节、不辱使命，不惜自刎以报国家。面对匈奴的各种威逼利诱也毫不动摇。单于将他囚禁在大窖中，不供给任何粮食，他便嚼着雪同毡毛一起吞下充饥；此后，他被发配到北海（今贝加尔湖畔）放牧公羊，却被要求生出小羊时才能重回汉朝。到了北海边，依旧不供给粮食，他不得不开始挖掘野鼠储存的果实来充饥。尽管处境艰

〔清〕 华嵒 《苏武牧羊》

难，他依然紧紧抓住汉廷的节杖，不顾牦牛毛的掉落，坚守到最后一刻。

经过十九年的艰苦挣扎，苏武最终披着一头银发，重返故土。他对大汉的忠贞，着实令人感动。7000多个日日夜夜，在荒野中放牧，却从未想过屈服。对于他来说，财富只是瞬息即逝的虚幻，而忠诚却是永恒不变的精神。他对于祖国的忠诚，激励了无数后人。

抗日民族解放战争的炮火，震碎了人民对国民党统治的期待。此时，危在旦夕的国家亟待仁人志士们扛起民族的脊梁，而朱自清正是其中一位。他用自己的笔写下一篇篇对抗反动政府的檄文，并竭力将民主、独立、解放的思想传播给民众，而他的所作所为也被国民党反动政府视为眼中钉。在这异常艰难的情况下，朱自清却从没有放弃过自己身为“斗士”的信念。在国内革命战争进入到最艰难紧张的时刻，朱自清以坚不可摧的信念投身到反饥饿、反内战的实际斗争中。尽管他深知这样的努力不过是杯水车薪，可依然坚决拒绝了宝贵的配售面粉。在重病期间，他仍然废寝忘食地写作着，怀着对祖国和人民深切的忧虑，直到最终停笔。而他留给家人们的最后一句话，不是依依不舍的留恋，而是充满气节地嘱托：我不吃美援面粉，你们也不能吃，宁可饿死，也不能叫外国人小看了。

朱自清宁愿自己饿死，也不肯食嗟来之食，以身作则展现出铮铮骨气，这样的宁为玉碎不为瓦全实在让人震撼！身处困境，却不同流合污；身处困境，却傲然独立。

有先辈如此，我们怎能不把寻找精神皈依作为我们的奋斗目标呢？

（三）亦余心之所善兮，虽九死其犹未悔

“亦余心之所善兮，虽九死其犹未悔”出自先秦著名爱国诗人屈原的《离骚》。意思是为了内心所珍爱的事物，就是让我九死（或多死）还是不后悔。古语亦有云：“虽死犹生。”它的意思是，一个人虽然已经死了，但还像活着一样，形容死得有意义、有价值。心怀家国，肯为祖国献出自己生命的人都是虽死犹生的英雄儿女，他们的事迹和精神成为中华民族代代相传的优良家风。

1. 责任：我自横刀向天笑，去留肝胆两昆仑

清末动荡的年代，国家风雨飘摇。《马关条约》签订以后，民族危机空前严重，许多有识之士开始深刻思考中国应如何避免亡国的悲剧。以康有为为首的改良派上书光绪帝，请求变法。光绪帝也意识到不改变国家腐朽的制度、不进行自上而下的改革，

将面临亡国危机，于是决定实行变法。

与此同时，由于谭嗣同等人的努力，在浏阳推行的变法收到了很好的成效，这引起了具有求新思想的光绪帝的重视。1898年6月11日，光绪帝将谭嗣同召进北京，辅佐新政，并破格授予其四品官衔。然而，变法损害了以慈禧太后为首的守旧派的利益而遭到强烈抵制与反对。9月21日慈禧太后发动戊戌政变，光绪帝被囚，梁启超则被迫流亡国外。在这生死关头，谭嗣同毅然选择驻留北京，婉拒朋友相劝，决不东逃日本。他说："各国变法，无不从流血而成，吾中国数千年来未闻有因变法而流血者，此国之所以不昌也，有之，请自嗣同始。"9月24日，谭嗣同在浏阳会馆被捕。

在狱中，谭嗣同意气自若，终日绕行室中，拾地上煤屑，就粉墙作书，问何为，笑曰："作诗耳。"名句"我自横刀向天笑，去留肝胆两昆仑"便是他在狱中所作。意思是我尽情地朝天大笑，无论死去的还是留下的，忠肝义胆都像昆仑山那样高耸。就义那天，他神色自若，慷慨激昂："有心杀贼，无力回天。死得其所，快哉！快哉！"

总有一些人，把国家兴亡当作自己的责任和义务，于黑暗中发出微光，将处在阴霾中的人们唤醒，带领人们前进。没有他们流下的汗水，没有他们付出的鲜血，没有他们的智慧与勇气、奉献与担当，就没有我们今天的国泰民安、山河无恙。

2. 担当：问苍茫大地，谁主沉浮

1925年，正是中国革命如火如荼进行的时候，年轻的毛泽东此时从上海回到湖南准备开展农民运动。他八月在长沙逗留期间，重游橘子洲，挥笔写下了一首气势恢宏的词作——《沁园春·长沙》：

独立寒秋，湘江北去，橘子洲头。看万山红遍，层林尽染；漫江碧透，百舸争流。鹰击长空，鱼翔浅底，万类霜天竞自由。怅寥廓，问苍茫大地，谁主沉浮？

携来百侣曾游。忆往昔峥嵘岁月稠。恰同学少年，风华正茂；书生意气，挥斥方遒。指点江山，激扬文字，粪土当年万户侯。曾记否，到中流击水，浪遏飞舟？

在广阔的大地上，谁将成为真正的掌控者？不是虚无缥缈的上天，也不是骄奢淫逸的军阀统治者，而是以天下为己任，敢于面对挑战，敢于改变现状，誓要创造一片崭新的天地的革命青年！

抗日战争期间，国共两党停止内战，一致对外，建立了抗日民族统一战线，在条件极其艰难困苦的情况下赴抗日前线与日本侵略者展开了搏杀。经过14年的浴血奋战，无数优秀中华儿女为此献出了宝贵生命……正是一个个“敢为天下先”的英雄烈士们，将国家的兴亡与个人命运紧密地联系在一起，不畏艰险、不怕牺牲，担起救亡图存的责任，才造就了如今壮美秀丽的大好河山。

3. 信仰：砍头不要紧，只要主义真

在中国国家博物馆展览大厅里，有一件国家一级文物，那便是中国共产主义运动先驱李大钊就义的绞刑架。1927年4月28日，李大钊和其他19位革命者被军阀张作霖秘密杀害。李大钊第一个登上绞刑架，他没有犹豫，更没有畏惧，他作了此生最后一次演讲：“不能因为反动派今天绞死了我，就绞死了伟大的共产主义。共产主义在中国必然得到光辉的胜利！”然后慷慨赴义。那年，他只有38岁，彼时年轻的共产党才刚刚6岁。如今，他为之付出生命的中国共产党已是世界第一大政党，风华正茂。

而在李大钊牺牲一年之后，另一位共产党员夏明翰不幸被捕。行刑前，敌人问他还有什么话想说，夏明翰慷慨道：“有，给我拿纸来！”反动派还以为他贪生怕死想要交代什么机密，没

想到他挥毫写下了一首大义凛然的就义诗："砍头不要紧，只要主义真。杀了夏明翰，还有后来人。"

4.无畏：饮弹从容向天啸，长留浩气在人间

习近平总书记指出："革命战争年代，检验一个干部理想信念坚定不坚定，就看他能不能为党和人民事业舍生忘死，能不能冲锋号一响立即冲上去，这样的检验很直接。"

1928年2月19日，农历腊月二十八，除夕即将到来，汉口余记里空坪上爆发出一片悲鸣，国民党反动派残忍地屠杀着共产党人，其中有一位勇敢的烈士，他的名字叫邓雅声，他牺牲的那年只有26岁。他在给恩师的遗书中写道："求仁得仁，抑又何怨？""今日之死，是所甚愿。"并附绝命词4首，比如："饮弹从容向天啸，长留浩气在人间。"

1934年11月，方志敏受命带领红十军团北上抗日，却在途中遭到国民党军队严密包围，最终因敌众我寡，无力抵抗被俘，在狱中，面对国民党的威逼利诱，方志敏仍然保持着坚定的革命信念，并且毫无畏惧："我们是共产党员，为革命而死，毫无所怨，更无所惧。"

革命先辈们为了自己的政治理想"宁为玉碎，不为瓦全"，为了革命事业献身的崇高情怀与理想追求，让我们体会到心灵的

震撼，感受到奋进的力量。

三、家国情怀

中华优秀传统文化绵延数千载，家国情怀始终是鲜明底色。家国情怀是个人对家庭、故乡、国家的认同感与归属感，是一种爱国爱家的情感体验，是自觉承担起国家和民族的责任、为实现中华民族伟大复兴中国梦而奋斗的信念和追求。

（一）对家庭的责任与感恩之情

家庭是一个人的安身立命之所，是心灵的港湾和道德启蒙的起点。整个人类社会由一个个家庭组成。马克思曾借用摩尔根的观点："家庭以缩影的形式包含了一切后来在社会及其国家中广泛发展起来的对抗。"西方文化强调人的"个体性"，而中国自古以来受"家文化"影响，主张"齐家"。家是人类社会群居结构的最小单位，是国家实现综合治理的基本单元，也是国家社会的微观缩影。亚里士多德认为人注定要生活在共同体之中。每个人自出生起，首先生活在自己的小家当中，人因聚集而组成家庭。家庭是个体学习生活的重要场所，也是个人与国家的重要纽带。

在家风传承中，我们要提升对家的情感，增强爱家情怀，践行家庭美德。我国著名教育家陶行知先生提出："道德是做人的根本，如果根本一坏，纵然你有学问和本领，也无甚用处。"良好的家风是形成优良家庭美德的源泉。家风承载着一个家庭的文化理念和价值观，每个家庭都会自觉或不自觉地在孩子身上打下基本的文化烙印。良好的家风有助于创造优良的家庭生活环境，增进家人的幸福感，促进家庭和谐。优良的家风可以代代相传，如《钱氏家训》《曾国藩家书》《傅雷家书》等，都是长辈言传身教、订立家规或用书信告诫家人和子孙为人处世、做人做事的道理。我们要善于挖掘和总结夫妻和睦、尊老爱幼、勤俭节约、乐于奉献等优良家风，并自觉加以传承和发扬。

夫妻和睦是夫妻双方共同的家庭道德要求，是家庭和谐与稳固的基石。夫妻恩爱、相濡以沫才能经受住各种风雨，使家庭生活甜蜜、幸福，家庭成员才有持久的欢乐。于个人而言，夫妻和睦是家庭成员奋斗的坚实基础，它使得家真正成为抵御风险的温暖港湾；于社会而言，家庭夫妻和睦是社会思想层面的价值追求。

孝老爱亲是中华民族的传统美德和精神基因。在古代社会中，孝是一个人道德品质的基础。在新时代，孝老爱亲是社会主义核心价值观的重要内容。孝老爱亲不仅仅是每个家庭的小事，也是关乎整个社会道德风尚和文明进步的大事。它意味着晚辈要尊敬、感恩、孝敬父母长辈，履行赡养老人的责任和义务。子女要注重对父母的关爱，尊重老人的生活习惯、意见和选择，用自己的爱心、孝心、责任心给父母长辈精神慰藉，让老人安享晚年，构筑和谐的家庭，并把这种美德推广到亲朋好友和社会邻里之间。要关心兄弟姐妹，互谅互让，相亲相爱，营造良好的家庭氛围。

勤俭节约反映了中国人民艰苦奋斗、崇俭抑奢的道德品质。勤俭节约是一种生活习惯，是个人和家庭优良品德的体现，也是现代社会需要弘扬的一种美德，节约的生活方式不仅有助于促进家庭的健康发展，而且还能体现出对自己及他人劳动的尊重，同时还能有效地避免浪费、节约资源、保护环境。由俭入奢易，由奢入俭难，在今天，我们要自觉延续勤俭节约这一优良传统，使崇俭抑奢的价值理念真正深入人心，成为全社会的文明追求。

时代赋予的历史任务需要一代代青年去努力完成。古往今来，无数仁人志士为了完成肩上的伟大使命而牺牲小我，奉献祖国。青年人要在优良家风的熏陶下，学会珍惜时代，担当使命，铸就勇于担当、甘于奉献的精神力量。

作为家庭中的个体，要关爱家庭成员，处理好家庭内部关系，我们要珍惜血浓于水、弥足珍贵的亲情，与家人和睦相处。要吸取优秀家风文化中的宝贵财富，树立正确的是非观，对于优良家风中的价值信念、处事原则做好传承，并与时俱进地发展。要主动恪守家训，立德修身，用良好家风家教涵养担当精神和奉献意识，提升自身的道德文化修养，促进家庭和谐，在爱家的基础上，进一步形成爱民族、爱国家的情感。

（二）对故乡的眷恋与桑梓之情

故乡是一个人出生或者长期居住的地方，是人们心灵的归宿，是我们在精神上、心理上乃至行为上无法割舍的一种依赖。与西方相比，受传统农业经济的影响，中国人更加注重家庭、亲情、伦理和孝道，并产生了根深蒂固的故乡情结。费孝通先生在《乡土中国》一书中指出："从基层上看去，中国社会是乡土性的。"家国情怀包含了故土难离的家园意识和乡情难分的故乡情结。这种情结是个体对故乡、家人和亲人的一种深厚感情。中国自古就讲究认祖归宗、落叶归根，如鲁迅的《故乡》、沈从文的《边城》等描述和表达故乡之情的著作举不胜举。在中国人的传统观念中，故乡和精神家园是统一的，故乡是家国的载体和化身，是灵魂的栖息地。人们所居住的土地、乡村、庭院、房屋等等，既是生产生活的重要场所，也是人们的精神寄托。天地英雄气，千秋尚凛然，故乡之情是中国人民的一种自然本性。

2015年，习近平总书记在华盛顿州当地政府和美国友好团体联合欢迎宴会的讲话中，深情回忆了在梁家河插队当农民时度过的7年时光，感慨于梁家河这个小村庄发生的巨大变化，这充分体现了总书记强烈的乡土之情。[1]我们现在所说的故乡，已经远远超过了空间地理意义上的现实的、物质的家乡。尤其是随着国家发展和社会的飞速变迁，人们在工作地和生活地来回辗转，更加激起了对于故乡和亲人的眷恋和怀念。爱乡情怀有以下几个方面的体现：

一是从故乡的地理寓意来看，要热爱、思念故土。唐代著名诗人孟浩然，他流传至今的诗歌有270多首，其中体现故乡情结的有近200首，其中很多是描述家乡风景名胜、风土人情、亲朋好友的诗歌。身处家乡时，他赞美襄阳；为仕途离开故土后，他思念牵挂的还是襄阳；官场失意之时，依旧是魂牵梦萦的故乡给他心灵慰藉和温暖。因此，故乡的一草一木、一砖一瓦、一人一物都值得我们热爱、牵挂和思念。

[1]周文韬，《习近平总书记“讲好中国故事”的成功实践对新闻工作者的启示——以习近平总书记外交活动中的讲话及发表在国外媒体的署名文章为例》，《采写编》，2017年第6期。

二是从故乡的生命寓意看，要眷恋故乡亲友。故乡是我们的生命之根，它不仅孕育了我们的生命，还有和我们血脉相连的亲人及守望相助的邻里乡亲。回到故乡的土地上，就是回到了给我们安全感和归属感的家，回到了温暖的母亲的怀抱。王维的“每逢佳节倍思亲”是对故乡亲人真情的告白。

三是从故乡的文化角度看，要传承优秀家乡文化。文化是一个国家和民族的灵魂，是社会意识的重要组成部分，每一种文化都有自己的特色、来历。中国的乡土文化源远流长，不论是物质的还是非物质的，都是人民群众集体智慧的结晶。故乡的房舍桥梁、古树名木、古建遗存、民俗风情、乡规民约、名人传记、传统技艺、传说故事等都是陪伴我们成长的营养和基因，都是家乡文化的体现。

四是从故乡的发展建设方面看，要为家乡建设添砖加瓦。故乡的血脉亲情、家风民俗、地域文化，多种情愫的交织决定了我们对于故乡而言，不是局外人和旁观者，而要时刻牵挂家乡的发展，并付诸实际行动。广西派驻乐业县百坭村党组织第一书记黄文秀，从北京师范大学毕业后，主动回到家乡，将自己最宝贵的青春都献给了故乡的扶贫事业与父老乡亲。在担任驻村书记的一年间，她把村中所有的贫困户访了一遍又一遍，还慷慨解囊为孤寡老人和留守儿童提供帮助。2019年6月中旬，持续多日的暴雨冲毁了村中部分灌渠，为了保护村民的生命财产安全，黄文秀连夜驱车赶回百坭村，却在途经凌云县时遭遇山洪，不幸牺牲，她光辉的生命永远定格在了30岁。树高千丈，落叶归根。我们应时刻保持着对家乡的眷恋与牵挂，饮水思源、反哺桑梓，用自己的专业知识和技能，尽己所能回报家乡，用深挚的乡情汇聚家乡发展的强大力量。

（三）对国家的热爱与奋斗之情

国，是千万家庭的集合与放大，爱国是家国情怀永恒的主题。国家是个人成长和发展的后盾，每个人都应该对自己所依赖的国家充满深情大爱，把国家的繁荣强盛和民族崛起作为持久不懈的理想追求，主动将个人的前途命运和家国紧密相连，为祖国的发展贡献自己的力量。爱国，是人民对祖国崇高的思想情感。

在不同的历史时期，爱国主义共同的要求是基本一致的，都是让自己的祖国“独立自主、国富民强、民主文明”，但在不同的历史时期，它的具体内涵是不同的。比如在民国初年，爱国主义就是“实业救国”，是让中国摆脱军阀混战的局面；抗战时期，爱国主义就是“救亡图存”，是击败日本法西斯的侵略；抗美援朝时期，是击败美帝国主义的野心；新中国成立后，尤其是改革开放以来，则是建设社会主义现代化强国。

“先有国后有家，有国才有家”，中国人的家国情怀体现在对国家和家庭的关注和责任感上。个人和家庭的发展需要依靠稳定和繁荣的国家环境，当国家需要自己的时候，我们应学习前人大公无私、公而忘私，以捍卫国家更大的利益。

《孟子·离娄下》中记载：“禹稷当平世，三过其门而不入。”大禹在接到舜的任命出发治水时，和妻子涂山氏刚刚新婚第四天。他为了治水，到处奔波，13年没有回一次家。由于禹治水的杰出贡献，当舜去世后，众多人士便把他推举为继承者。大禹以其无私奉献的精神，舍弃了个人的安逸，勇于承担艰辛，令华夏子孙深深敬佩。

霍去病16岁就参了军，跟着舅舅卫青前往边塞，与匈奴作战。虽然他年纪轻轻，战斗力却非凡，他指挥成千上万的骑兵和步兵，一路横扫敌人，屡立战功。后来，汉武帝鉴于他和卫青的英勇表现，特别派遣他们两位将领，率领大军与匈奴决战，最终成功击退敌人，彻底消除了国家北境的外敌威胁，汉武帝为此特别授予他们大司马的职位，统领全国的军队。汉武帝为霍去病建造府第，给他优厚的待遇，他却说：“匈奴不灭，无以家为也。”匈奴尚未被消灭，我怎么能顾自己的小家呢？霍去病因为长期战争而身患重疾，24岁时就离开了人世。他一生都在为祖国作贡献，给百姓带来了和平与安宁。《朱子家训》曰："读书志在圣贤，非徒科第；为官心存君国，岂计身家？"意思是：读圣贤书，不只是为了科举及第；做官要有忠君爱国的志向，怎么可以考虑自己和家人的享受？[1]

1949年，梁思礼（梁启超最小的儿子）在他的同窗好友林烨决定留美之际，毅然决定回国效力。几十年后，林烨成为波音宇航公司的首席科学家，梁思礼则成为航天部的总工程师，为"两弹一星"作出了巨大的贡献。尽管他的薪水仅为林烨的1%，但梁思礼依然毫无怨言，他说："林烨干的导弹是瞄准中国的，我干的导弹是保卫祖国的。""人必真有爱国心，然后方可以用大事。"父亲梁启超的这句话，梁思礼用一生来铭记和践行。

"糖丸爷爷"顾方舟为了研发第一批小儿麻痹症疫苗，不惜冒着终身瘫痪的危险，亲身试验。后来，需要在儿童身上试验，顾方舟甚至将新生儿的疫苗喂给了刚满月的儿子。他是不爱惜自己，不爱惜亲人吗？肯定不是。只是因为当时小儿麻痹症给上千名儿童带来了终身残疾，有的甚至丧失了生命。临危受命的顾方

[1]张颐武编著：《中华家风丛书：爱国》，中华工商联合出版社，2015年。

舟重任在肩，在亿万人民的“大我”和自己一家的“小我”之间，他义无反顾地选择了前者。

施一公先生是一位享誉国际的生物学家，被中美两国科学院授予院士荣衔。他在美国拥有优越的生活条件和良好的发展前景，然而，施一公先生最终还是选择回国执教。当他在清华大学出任副校长，取得了令人瞩目的成绩时，他又“自讨苦吃”创立民办大学。当为国为民这个“大我”和求名求利的“小我”发生冲突的时候，施一公总是坚定地选择前者。何谓“家国情怀”？何谓“一心为公”？施一公用自己的人生选择为我们作出了生动的诠释。

“亦余心之所善兮，虽九死其犹未悔。”唯有热爱才能坚持，唯有坚持才能成就不凡。

爱国之心无可替代，奋斗之志永不褪色。“亦余心之所善兮，虽九死其犹未悔。”唯有热爱才能坚持，唯有坚持才能成就不凡。无论时代怎样演进，无论历史怎样进步，对于所有的人来说，热爱祖国的心意永远都是最真挚的，实现建设祖国的梦想永远都是最根本的目标，为祖国奉献的精神永远都是最自然的选择。爱国不是挂在嘴边的口号，而是具体的，需要用热血去铸造，用奋斗去书写，用实干去践行。

爱国不是挂在嘴边的口号，而是具体的，需要用热血去铸造，用奋斗去书写，用实干去践行。

青年一代应当更加深刻地认识到，只有将自身的理想和抱负融入祖国的发展和人民的幸福，才能够在实现民族复兴的伟大征程上取得更大的成就，并且要跟随时代的发展，和祖国的未来携手前行，为实现共同的梦想而努力。

第二节 家风文化中的爱岗敬业

近来，“最美”一时成了网络热词，“最美医护人员”“最美社区工作者”“最美公务员”“最美铁路人”……一个个“最美”人物，就像一颗颗璀璨的明珠，辉映在各条战线。他们满怀热忱，用精彩的故事、不凡的业绩，感动着你我，生动诠释了爱岗敬业精神。

爱岗敬业，是习近平总书记倡导的劳模精神的重要内涵。共和国宏伟大厦是由一个个行业、一个个岗位的“砖瓦”筑就的。“百职如是，各举其业”，方能众志成城、积聚众力。三百六十行，如果每一个人都坚守自己的岗位，全身心地投入到工作中，勇于担当，不断拼搏，积极进取，那么，我们将汇集无穷的正能量，为实现社会主义现代化注入活力。因此，敬业精神不仅是个人成长和发展的必要条件，更是国家繁荣昌盛和民族复兴的重要动力。在家风传承中，更应注重言传身教，对工作全身心投入，履职尽责，甘于奉献。

一、砥砺意志

当前，随着中国社会的飞速发展尤其是城市化的快速推进，部分人尤其是青年人由于未能及时适应社会变化，而出现了意志薄弱、情感脆弱、心浮气躁、缺乏耐性等问题。对此，在家风传承中，我们应当重视“励志”教育，以鼓励青年人平复情绪，勇敢地扬起生活的风帆，乐观迎接生活的考验，创造更加辉煌的明天。

（一）宝剑锋从磨砺出，梅花香自苦寒来

“宝剑锋从磨砺出，梅花香自苦寒来”出自《警世贤文·勤奋篇》，意思是宝剑之所以能披荆斩棘是经过了打磨，梅花之所以能散发出芬芳是经历了寒冬的历练。由此引申开来，若要发挥自身的潜能，取得优异的表现，就必须坚持不懈地学习、积累经验，勇敢面对挑战，以期达到理想的目标。中华民族的传统文

化和价值观念早已深植于我们的内心，激励着我们勇往直前，克服重重困难，培养出勤奋、坚韧、进取的民族精神。

只有经历挫折，耐得住“磨砺”，抵得住“苦寒”，持之以恒，才能享受成功的喜悦：孔子“韦编三绝”，方成圣人；勾践卧薪尝胆，乃成就霸业；王羲之“入木三分”，始成书圣之名；祖逖“闻鸡起舞”，遂逞北伐之志。这些古代先贤的事迹脍炙人口，它们传达给后人的正是“坚持”的可贵。此外，几千年来，关于“坚持”的格言也是层出不穷，深植人心。罗大经的“绳锯木断，水滴石穿”提醒我们，只要不懈努力，即使力量微弱，也可能获得成功。郑板桥的“千磨万击还坚劲，任尔东西南北风”描述了竹子在遭受风雨的摧残后仍然屹立不倒，向读者展示了“坚持”的内涵。而“贵有恒，何必三更眠五更起；最无益，只怕一日曝十日寒”则告诉人们在干事创业的过程

只有经历挫折，耐得住“磨砺”，抵得住“苦寒”，持之以恒，才能享受成功的喜悦：孔子“韦编三绝”，方成圣人；勾践卧薪尝胆，乃成就霸业；王羲之“入木三分”，始成书圣之名；祖逖“闻鸡起舞”，遂逞北伐之志。

《闻鸡起舞》

中务必坚持不懈，才能“干霄凌云，而为栋梁之用”。

然而，在坚持的道路上，我们总是会遭遇挫折和挑战，经历艰辛和困苦。孟子说：“故天将降大任于是人也，必先苦其心志，劳其筋骨，饿其体肤，空乏其身，行拂乱其所为。”这句话为我们指明了抗压的重要性。如果我们能够始终坚守初衷、锲而不舍、不屈不挠，那么我们就可以战胜艰难险阻，迎来胜利的曙光。宋代理学家辅广对孟子的话深有体会：“人不经忧患、穷困、顿挫、折屈，则心不平，气不易，察理不尽，处事多率，故人须从这里过。”只有在艰辛的挑战中，勇敢地面对挫折，坚持不懈，不断努力，不断奋斗，才能够获得真正的成就，达到完美的人生。

当我们满怀憧憬，准备开启一段崭新的旅程时，千万不要忘记，这只是我们前进的第一步，接下来的九十九步，只有坚定不移地追求梦想，勇敢地面对挑战，才能最终实现成功的目标。拥有坚定的意志力，才能在人生路上走得稳稳当当。只有勇于接受挑战，勇于面对困难，勇于拼搏，才能在艰辛的旅途中取得成功。

纵观上下五千年的中国历史，其中既有风调雨顺、国泰民安、繁荣昌盛的年代，也有灾难频发、瘟疫肆虐、内乱不断的岁月。特别是近代以来，外敌入侵，历经波澜起伏，曲折坎坷，战争和天灾交织更迭。而回顾中国共产党的百年历程，坚韧不拔的艰苦奋斗精神正是支撑党领导人民走过一处处荆棘沼泽、渡过一道道急流险滩的强大动力。不管是在革命年代形成的井冈山精神、长征精神、延安精神，还是在社会主义的发展过程中熔铸的“两弹一星”精神、铁人精神、北大荒精神，或是在改革开放的新时代铸就的载人航天精神、女排精神、抗疫精神……都传递出“社会主义是干出来的，新时代是奋斗出来的”深刻内涵，所有的辉煌都源于不懈的努力和拼搏。正是这样坚韧不拔的精神，才让中华儿女历经曲折而不畏困苦，屡受考验而初心不变；才让中华民族在面对各种灾难时，始终保持坚强不屈的斗志，无所畏惧、愈挫愈勇，冲破重重险阻，战胜种种灾难，迈入了一个充满希望、充满活力、充满机遇的新时代。

人们常说“从小看大”，这句话其实也可以反过来说：从大看小。现代社会，人们的生活压力普遍较大。无论是为了自己的理想未来而奋发学习的学生，还是为了养家糊口而努力工作挣钱的成年人，大家似乎都不太容易。为了前行，为了实现自己的理想和目标，我们每个人都在努力奋斗着。我们或许都经历过种种磨难，但磨难并不会让我们垮掉，相反，它会激发我们的斗志，帮助我们成长，并在困境中振作。

（二）业精于勤，荒于嬉

古语有言："业精于勤，荒于嬉；行成于思，毁于随。"勤劳肯干，是中华民族的传统美德，也是事业成功的关键，更是我们得以立足于世界民族之林的重要品质。《尚书》的"功崇惟志，业广惟勤"说的是要想达成宏伟目标，除了拥有坚定的理想外，更需要辛勤不懈、积极进取。《左传》的"民生在勤，勤则不匮"则是强调勤奋对于国家和社会来说是非常重要的。《吕氏春秋》也提出了"流水不腐，户枢不蠹"的观点，告诉我们勤奋是一种宝贵的品质，正如流水与门轴。此后，又有许多先贤发出了"黑发不知勤学早，白首方悔读书迟""勤则兴，懒则败"等感慨，向我们叩问："人生在勤，不索何获？"并劝勉我们"世上无难事，只要肯登攀"。"勤奋"的深刻含义，不仅仅是古人的赞叹，习近平总书记在演讲中也多次强调："我国仍处于并将长期处于社会主义初级阶段，实现中国梦，创造全体人民更加美好的生活，任重而道远，需要我们每一个人继续付出辛勤劳动和艰苦努力。"[1]我们应当铭记总书记的谆谆教诲，在人生道路上

[1]《在第十二届全国人民代表大会第一次会议上的讲话》（2013年3月17日），《人民日报》，2018年3月18日。

勤勉自强、砥砺奋进。

勤勉努力是一种优秀的品质，也是一种智慧。在家庭教育中，我们应该经常提醒孩子们，不仅要追求伟大的目标，还应该坚持脚踏实地，热爱工作。

精其术

精其术，拿出“书山有路勤为径，学海无涯苦作舟”的钻劲，精通业务知识。为了完成职责，我们必须具备扎实的理论基础和技能水平。我们应该始终保持“学者”的心态，努力学习理论，深入研究业务，广泛学习知识，并始终保持一颗进取的心，不断提高理论知识和业务能力。

竭其力

竭其力，富有“千淘万漉虽辛苦，吹尽狂沙始到金”的韧劲，涵养吃苦精神。不管身处何种职位，都要以最大的热情和激情投入到工作中，不畏艰辛，用担当和毅力，勇敢地面对挑战，拥有像老黄牛一样的勤奋和毅力，坚持不懈地去追求卓越，去创造出令人称赞的成就。

乐其业

乐其业，鼓足“黄沙百战穿金甲，不破楼兰终不还”的拼劲，饱含工作激情。热爱一份工作，就要学会享受工作的过程，享受工作带来的快乐和满足感，真正做到“乐在其中”，从而使自己更好地发挥潜力，更好地投入工作中，不断提升自身能力，坚定信念，践行初心使命，绘就最美的“敬业福”。

（三）天行健，君子以自强不息

只有自强不息，磨砺出更尖锐的棱角，我们才能在无论何时何地，都保持自我，保持前进。

《周易》有言：“天行健，君子以自强不息。”古人常以这句话教导自己的后代，旨在训诫子孙，要秉持乐观、坚强的意志，成就一番事业。在身处困境、承受重大外界压力之时，更需要我们砥砺意志。只有自强不息，磨砺出更尖锐的棱角，我们才能在无论何时何地，都保持自我，保持前进。[1]“自强”二字，值得我们深入思考。

[1]王玉王、叶栩乔编著：《中华家风丛书：敬业》，中华工商联合出版社，2015年。

“强”不是强词夺理，而是傲然挺立如龙头，凌厉坚韧如鹰爪，面对最无边的空间，最深的海洋，永远保持最炽热的心，保持最乐观的境界。

意志的力量无可限量，但要想取得成功，就必须勇敢面对磨难。只有在艰苦的环境中，一个人才能坚定信念，勇往直前，走上一条光明的道路。实际上，苦难正是一个人实现梦想的沃土。

斯蒂芬·霍金是一位杰出的英国物理学家，他提出了一种全新的宇宙观，并出版了许多重要作品，如《时间简史》，令人瞩目，被誉为“继爱因斯坦之后最伟大的科学家”。霍金在1963年被确诊为肌肉萎缩性侧索硬化症，但他不愿对恶疾低头，尽管失去了语言能力，但他仍然坚定地致力于物理学研究，并依靠机器来完成工作。霍金大学时结识的朋友狄克斯说：“当霍金所热爱的东西都失去时，他不仅坚强地活着，而且伟大地活着，他所带给人们的不仅仅是科学的智慧，还有人类最可贵的不息的奋斗精神。”

我国著名作家张海迪在五岁时，不幸患上脊髓病，胸部以下的身体全部瘫痪，但她没有因此而沮丧，反而勇敢地迎接这场残酷的挑战，她用“我像颗流星，要把光留给人间”来表达自己的坚强与勇气。她满怀梦想，勇敢地投身于学习和工作之中，用坚韧不拔的精神谱写出一曲生命的赞歌。尽管没有机会踏入校门，但她仍然坚持自学，出版了《生命的追问》《轮椅上的梦》等经典之作，令世界瞩目。自强不息就是即使遭遇挫折，也要坚持不懈，永不停止地向前迈进。

古人同样给我们留下了许多自强不息的实例。司马迁说：“古者富贵而名磨灭，不可胜记，唯倜傥非常之人称焉。盖文王拘而演《周易》；仲尼厄而作《春秋》；屈原放逐，乃赋《离骚》；左丘失明，厥有《国语》；孙子膑脚，《兵法》修列；不韦迁蜀，世传《吕览》；韩非囚秦，《说难》《孤愤》；《诗》三百篇，大抵贤圣发愤之所为作也。”意思是：古代的富贵人物，在死后往往被人们遗忘的不可胜数，只有那些卓越、非凡的人才能受到世人的尊敬和赞誉。正如周文王被囚禁而推演出《周易》，孔子遭受困厄而整理《春秋》，屈原流放鄂渚而赋《离骚》，左丘明双眼失明而编著《国语》，孙膑双腿致残而写下《孙膑兵法》，吕不韦迁谪蜀郡而编撰《吕氏春秋》，韩非囚于秦而作《说难》《孤愤》，《诗经》三百篇，大约都是圣贤抒发胸中激愤写出来的作品。

司马迁所提及的古代杰出人物，无论是在艰难的环境中，还是在遭受挫折时，都能够振作精神，勇敢地追求自己的梦想。他们的共同点是，即使面对艰难的环境，也能够坚定地追求自己的理想，不畏惧挑战，毅然决然地把握机会，不轻易放弃。因此，他们凭借自身的努力和智慧，取得了惊人的成就，在历史上留下了不朽的印记。

司马迁遭受腐刑之后，之所以能够保持远大的志向和高尚的情操，“就极刑而无愠色”，坚持写完“史家之绝唱，无韵之《离骚》”的《史记》，正是从这些古代卓绝之士身上，他学习到了如何坚守自己的尊严，并从中汲取了不断进取的精神力量。因此，他才能不辍笔耕，为后人留下了宝贵的精神财富。

二、清廉自守

“廉洁”是一种高尚的品质，它能够让人们保持清廉自守，不贪财货，两袖清风，淡泊名利，立身清白。“廉洁”也是一种重要的道德准则，它能够帮助人们在社会中保持正直，并且能够给为人处世、为官从政提供指导。

（一）毋为财货迷

《家诫要言》有云：“忠信之礼无繁，文惟辅质；仁义之资不匮，俭以成廉。”尽己心力、奉公行事，便是忠信；一心为民、施行善政，便是仁义。忠信仁义是为人处世的根本操守。而想要实现忠信仁义，首先便要做到俭以成廉，不为钱财利益所迷惑，这样才能立身公正、执法严明，秉持公义之心行事，做出正确的决定。[1]

敬业之心源于对“毋为财货迷”的认真遵守，要求我们建立起良好的思想基础，坚定地践行“三慎”的原则。

1. 要慎初，就是守住第一次，迈好第一步

明代进士王廷相曾对初任御史的张瀚说，昨天，一位轿夫身着一双新鞋，在雨后漫步于大街，他小心翼翼地走，生怕自己的新鞋沾到泥水。然而，当他不小心踩到泥泞后，他就再也没有顾惜过脚下的鞋子。立身之道也是这样，一旦失足，可能就无所顾忌了。因此，清廉自守，毋为财货迷，贵在慎初。在人生的旅途中，“第一次”是一道重要的关口，它提醒我们要理性面对各种诱惑，如果在内心的魔鬼第一次出现时，就坚定地拒绝它们，那么我们就可以避免不幸的结局。只有慎始才能坚守，而欲望之门一旦打开，就会无所不至了。

张瀚在听取王廷相的一番话后，深受启发，他将其铭记于

[1]王玉王、叶栩乔编著：《中华家风丛书：敬业》，中华工商联合出版社，2015年。

心，不仅在治国安邦方面取得了巨大成就，而且以其清正廉洁的品质受人尊重，即使面对权倾一时且于己有恩的重臣张居正，也敢于据理力争，最终辞归故里，写下了许多著作，直至善终。而无数的贪官，他们在一步一步走向犯罪深渊的道路上，都经历了从第一次的忐忑不安到后来的习以为常，从第一次的来者未拒到之后“索拿卡要”的转变过程。所以，坚守清廉须慎初，要真正从思想上筑牢拒腐防线，自架“高压线”，自设“防火墙”，自念“紧箍咒”，坚决做到防患于未然。

2. 要慎微，就是注意小事小节，时刻清醒自禁

《韩非子》有云：“千丈之堤，以蝼蚁之穴溃；百尺之室，以突隙之烟焚。”为了避免祸患，我们必须小心谨慎。无数事实说明，一个在小事、小节上过不了关的人，也很难在大事、大节上过得硬。古人云：

一个在小事、小节上过不了关的人，也很难在大事、大节上过得硬。

“不矜细行，终累大德。”“道自微而生，祸自微而成。”这些经典的格言，清楚地表明了谨慎小心的重要性和必要性。为了避免犯下严重的错误，我们应该从自身的细节、小处入手。管住嘴，不吃不该吃的宴请；管住腿，不去不该去的地方；管住手，不拿不该拿的财物。同时，还要把控好工作圈、生活圈、娱乐圈，保持健康的人生追求，远离奢靡之风。那些大贪、巨贪，无不是从吃一点、喝一点、拿一点、乐一点和所谓的“礼尚往来”开始，一步步愈陷愈深，从量变到质变。我们需从这些人的悲惨人生中汲取教训，拘小节，重细微，保清廉。

管住嘴，不吃不该吃的宴请；管住腿，不去不该去的地方；管住手，不拿不该拿的财物。

“大节”与“小节”，从来都是相互统一、互为依存的。从工作角度来说，“千里之堤，溃于蚁穴”，小节并不小，大事、小事，本质上都是一样的。《资治通鉴》有云：“尽小者大，慎微者著。”小事就像一面明镜，它清晰地展示出一个人的品行、能力和作风。小节关乎大局，因此不容忽视，只有重视细节，防微杜渐，才能成就大事业。

于右任是民国时期杰出的政治家和大书法家，一天，他发现有人在办公楼后方便，就立即挥毫写下“不可随处小便”的警示条，这引起了许多书法爱好者的关注，他们把这张字条拆开，经过精心地修饰和装裱，最终制作出“小处不可随便”的条幅，让众人拍案叫绝，传为佳话。小处不小，唯有专心致志，谨慎稳健，才能从小事、小节中涵养大境界。

3. 要慎独，就是在独处之时，守住灵魂的高贵

“慎独”一词，出自秦汉之际儒家著作《礼记·中庸》篇：“莫见乎隐，莫显乎微，故君子慎其独也。”意思是，在别人不能看见的时候，能谨慎行事；在别人不能听到的时候，能保持清醒。杨震是东汉时期的一位杰出的政治家，他多年来一直秉持着公正廉明的做事原则。有一次，他经过昌邑县，遇到了他的老朋友王密，当夜王密拿着十金来到杨震家中，想要感谢杨震的恩惠。但杨震拒绝了，王密连忙说：“此时深夜，无人知矣。”杨震却大声回答：“你怎么能暗中亏心，抬头三尺有神明，这件事天知地知，你也知我也知，何谓无知？”这便是历史上传为美谈的“杨震四知”。

慎独，是一种坚守信念、坚守原则的精神状态，它是一种永恒的追求，是古人“每日三省吾身”中所提倡的智慧，是在无人之时、细微之处，如履薄冰、如临深渊，始终不放纵、不越轨、不逾矩。慎独，是人自身修养的体现，需要我们在日常生活中不断修炼自己，培养自己的内在素质。常思贪欲之害，常怀律己之心，常除非分之想，严以修身，严以律己，真正做一个明白人、干净人、勤奋人。

常思贪欲之害，常怀律己之心，常除非分之想，严以修身，严以律己，真正做一个明白人、干净人、勤奋人。

慎初、慎微、慎独，是一种境界，是一种操守，是一种定力。它代表着一种正确的思维方式、人生态度和价值观。因此，我们要用信念的力量，把住这个总开关，把自己锤炼成一个高尚的人，一个纯粹的人，一个脱离了低级趣味的人，一个有益于人民的人。

（二）不徇私情

唐代任职于中书省（宰相府）的裴光

德曾对向他求官职的故人说："不敢以故人之私，而隳朝廷纲纪。"这就是说，为官从政，不容徇私情，若是以自己的职权为亲近的人谋私利，或者包庇他们的过错，都会损害国家的法纪，这不是一个清廉敬业的官员应当做的事情。为官者行事不能屈从于人情关系，必须端平心中的一杆秤，为人公正、秉公处事，做出合乎法纪和道德的决策。[1]

曾任中共中央总书记的胡耀邦同志，便是以一生的坚守践行着共产党人的清廉家风。1983年，耀邦同志在湖南浏阳老家务农的亲侄子胡德资，在一位领导的关照下被招工到岳阳市物资局做一名普通干部。不到一个月，胡耀邦同志就得知了此事，他十分生气，当即打电话给湖南省委："你们湖南的招工出了问题，这股歪风还刮到我们家来了！"结果，胡德资被退回农村，此后再也没有出去工作。

耀邦同志的清廉不仅在于对家人的严格要求，也体现在他自己一生的俭朴作风中。在他逝世后，一位记者踏入他的卧室时，惊讶地发现，这间房非常简陋，以至于无法想象这里曾经是一位党的领导人的住所。卧室临窗的写字台上，放有三部电话机、一

[1]王玉王、叶栩乔编著：《中华家风丛书：敬业》，中华工商联合出版社，2015年。

本台历、一副老花镜和十几支铅笔，掀开床单看，褥子上还打了补丁，枕头则是用一件破旧的白色针织背心缝制的，里面填装的是一些旧布。床头柜上一只十几年的青瓷座台灯，破裂的灯口处包了一层厚厚的胶布。还有住院时换下的一套洗得已经褪了色的灰中山装、一件衣领已经发黄的衬衫、一双白色线袜子、一件有破洞的毛背心，一条由两条棉织裤缝在一起的棉裤。这样的清廉是多么地可贵！耀邦同志说："共产党人是给人民办事的，不是给一家一族办事的。"习近平总书记在纪念胡耀邦同志诞辰100周年座谈会上的讲话中指出："我们纪念胡耀邦同志，就是要学习他公道正派、廉洁自律的崇高风范。"

在工作中，能否坚守原则是评价一个人敬业与否的关键指标。面对公与私的抉择，敢不敢坚持原则，能不能敢于负责、勇于担当，最能看出一个人的工作作风与个人品格。在工作中，我们如何做到不徇私情？

第一，要正确面对公与私的考验。一公则万事通，一私则万事闲。一事当前，是秉公心、守公道，还是谋私利、徇私情，可以说是检验敬业与否的试金石。周恩来同志为家人订立"十条家规"，朱德同志告诫子女"接班不接官"，彭德怀同志对亲友不搞"近水楼台先得月"，曾志同志拒绝为孙子安排"农转非”……老一辈革命家大公无私，以身作则。一颗心为公、一把尺量人、一碗水端平，公而无私、一心为民，这是刚正不阿的重要体现。

一颗心为公、一把尺量人、一碗水端平，公而无私、一心为民，这是刚正不阿的重要体现。

第二，要准确把握“情”的含义。“无情未必真豪杰”，每个人都有自己的生活，需要敬父母、爱家人、交朋友、有人情。但这种情，应当是健康的亲情、纯洁的友情、正当的人情。毛泽东同志曾为亲情规矩立下“三原则”：“恋亲不为亲徇私，念旧不为旧谋利，济亲不为亲撑腰。”抗战时期，朱德同志接到老家年逾八旬的母亲来信，希望儿子帮她度过饥荒，然而他“实无一钱”，于是向旧友致信借钱，帮助自己的母亲渡过难关。现实中，仍有少数同志腐化蜕变，把重亲情等同于徇私情，把讲人情异化为搞交易，最终害人害己。[1]

[1]马祖云：《讲党性不徇私情》，《人民日报》，2021年9月24日，第4版。

第三，要终生强化自身修养。道德水平的提升不是一蹴而就的，也不是凭借年龄的累积或者职位的晋升就能实现的，而是需要长期的努力和反思才能达到。加强自身修养对于每一个人来说，都是必须解决好的重大课题，我们需要不断改造主观世界、加强品格陶冶，强化自我修炼、自我约束、自我改造。只有通过不断努力，才能够更好地完成自己的社会责任，提高自己的人生境界，并培养出优秀的内在品质。

（三）威武不能屈

孟子说：“富贵不能淫，贫贱不能移，威武不能屈，此之谓大丈夫。”对于真正的君子来说，即使受到利益的诱惑和权势的压迫，也不会影响其道德准则。在与上司相处时，应该保持尊重，不可谄媚。介于权力威慑而被动服从，甚至放弃对公平正义的坚守，那是奸佞小人所为。反之，正确判断是非，只要是为了人民的利益，就算遭遇抵触，也会勇敢地面对、坚持到底，而不会被谣言所左右，才是一个坚毅君子所为。

《家诫要言》曰：“功名之上，更有地步，义利关头，出奴入主，间不容发。”若要成就伟大的事业，不仅要把握好自身的责任，还要把握好自身的价值观，不被物质财富和权力所迷惑，坚持正义，不被虚荣所迷惑。真正的敬业，不仅要把握好自身的责任，还要利用好自身的价值，以实现自身的抱负。两千多年来，孟子的大丈夫标准，鞭策了无数英雄豪杰、仁人志士，它所代表的刚毅正大、勇担道义、自强不息的内涵，成为他们不畏强暴、坚守正义的动力源泉。文臣们勇于担当，忠心耿耿地维护着国家的清明，武将们毅然决然地投身于保卫国家安全的斗争中，他们无私奉献，无论面临多大的危险，他们依然坚守着自己的原则，勇敢地面对挑战，甚至不惜用自己的生命来实践自己的理想。

“人生自古谁无死，留取丹心照汗青。”这是南宋诗人文天祥对“不淫，不移，不屈”的最好诠释。南宋末年，朝廷已无力抵抗蒙古铁骑的大举入侵，首都临安被元军围攻，国家行将沦亡。丞相文天祥散尽家财，组织义军驰援。临安失守后，他又辗转岭南各地，在极其不利的情况下坚持着抗元斗争，最终战败被俘。他被拘囚在一座阴湿的地牢里，受尽折磨，面对元军将领乃至元世祖的威逼利诱，他却始终不屈不挠。元军软硬兼施，无论使尽什么办法，都未能将文天祥劝降。在行刑时，文天祥面向南方长拜，说：“我的事情做完了，心中无愧了。”随后引颈就刑，从容就义。妻子为他收殓时，在他的衣带中发现一首诗：“孔曰成仁，孟曰取义，惟其义尽，所以仁至。读圣贤书，所学何事？而今而后，庶几无愧。”而文天祥在被押送途中写下的《过零丁洋》，更是成为激励后世无数仁人志士舍生取义的千古名篇。其中有两句是：“人生自古谁无死，留取丹心照汗青。”今天，这股浩然正气仍在激励着我们勇敢面对挑战，抵制诱惑，坚定不移地为了实现国家和人民的美好未来而努力奋斗。

方志敏是古代民族英雄文天祥之后的又一位民族英雄。从1924年加入中国共产党到1935年英勇就义，方志敏担任过党的县委书记、特委书记、省委书记、军区司令员、红十军政委、闽浙赣省苏维埃主席（一度兼任财政部长）、红军北上抗日先遣队军政委员会主席。然而，当两位敌军士兵想从这位“上马管军，下马管民”的共产党大官身上搜出金银财宝时，“从上身摸到下身，从袄领捏到袜底，除了一只时表和一支自来水笔之外，一个铜板都没有搜出”。方志敏的家产，更只有几套旧的汗褂裤与几双缝上底的线袜。在狱中，一方面，国民党反动派对他严刑拷打；另一方面，又以高官厚禄相诱惑，蒋介石曾表示，只要方志敏公开刊登一则脱离共产党的声明，即可担任国民党江西省主席的职位。方志敏没有丝毫犹豫，斩钉截铁地说：“头颅可以断，信仰不可移，气节决不丢！”“吃人的国民党……我要消灭你，岂能降你？”“我不爱爵位！也不爱金钱！”敌人要他写供词，他就利用这些纸和笔，用自己生命的最后时间奋笔疾书，写下了《可爱的中国》《方志敏自述》《我们临死前的话》等近15万字的文稿，这些充满情与血的文字，谱写了一曲曲威武不屈的正气歌，必将在我们的历史长河中经久不衰、广为传唱。

《增广贤文》中说："气骨清如秋水，纵家徒四壁，终傲王公。"在权贵面前不阿谀谄媚，在威压下不卑躬屈膝，所谓的清廉自守，就是坚持自己的原则，坚定不移地保持着傲然不改的气度。

三、尽职尽责

什么是尽职尽责？无论你从事哪种职业，哪个岗位，"在其位，则忠其事，尽其力"，对待本职工作，应专心守职、尽责，干一行、爱一行、钻一行，尽心尽力、全身心地投入；对待事业要有勇气去面对挑战，勇敢去承担责任，勇于创新拼搏，以愚公移山的意志、老黄牛吃苦耐劳的精神，甘于默默无闻、无私奉献，充分发挥自己的光和热，这就是尽职尽责。

（一）素其位而行，思不出其位

《中庸》有言："素其位而行，不愿乎其外。"意思是说安于他平素所处的地位，做他所应做的事，而不是企求本分外的事情。所谓敬业，归根结底便是做好自己的本分，教师传道授业解惑，医生救死扶伤，官员奉公执法，军人保家卫国。《增广贤文》中说："但能守本分，终身无烦恼。"尽职敬业，是每一个人实现自己人生价值、安身立命的最重要途径。能够在自己从事的事业中尽职责、守本分的人，可以从工作中看到自己对国家社会的贡献，可以在事业中找到自己追求的目标和意义。他们因而可以活得磊落坦荡，不会因虚耗光阴而烦闷，不会因汲汲小利而苦恼。

王阳明在《传习录》中也写道："君子素其位而行，思不出其位，凡谋其力之所不及而强其知之所不能者，皆不得为致良知。"他认为，作为一个具有崇高品德的人，我们应该根据自身的情况和地位来选择合适的行动，而不是超越我们的范围去追求我们的能力范围之外的东西。任何试图用我们的智慧去完成我们无法完全理解的事情，都不为致良知。

"素其位而行"在很多人看来是思想保守，安于现状，不思进取。其实，王阳明的言论具有重要的意义，它为当今社会提供了一种新的思考方式和启示。从某个角度来看，王阳明强调不要狂妄自大，被一时的虚荣所迷惑，他反对的是那些志大才疏、好高骛远的人。而且，他也用自己的亲身经历印证了这个道理。

当王阳明35岁时，因为惹恼当朝权贵刘瑾，他被降职到贵州龙场担任驿丞。这个曾经前途光明的官员，突然间就被迫流落到偏远的山区，面对这种残酷的处境，王阳明曾经犹豫过，甚至有过逃离的念头，但又担心自己的行为会给家族带来麻烦，最终只能赴任。

当王阳明到达龙场时，他面临着一系列令人难以想象的困难：没有住处可以居住，对当地环境不熟悉，与当地居民的语言不通，水土不服，随从们相继病倒……这是王阳明从未遇到过的巨大挑战，这时候，仿佛世间的所有厄运都一齐来了，挑战着他的极限。更让他感到忧伤的是，他自幼便立志成为圣贤，多年以来为了这个理想，他四处寻师访友、虚心求教，如今却还是未能如愿。在享受优越的条件之时，尚不能实现心愿，而现在，被迫流落至偏远乡村，前途一片渺茫，什么时候才能实现自己的抱负？

王阳明明白，面对现实，他不能逃避，而是要勇敢地去面对，尽应尽之责。于是，他开始砍柴做饭、开荒种地、尽力照料生病的随从，他尝试与当地的百姓交流沟通，将自己所学的知识和技能传授给他们……

令人惊讶的是，王阳明的生活态度，令他的人生发生了惊人的转变：多年来一直未能解开“格物致知”的谜团，竟然在他毫无准备的情况下被解开！此外，随着时间的流逝，当地居民也和他建立起友好的关系，百姓们为他修建“龙岗书院”，四周学子纷纷前来求教……这些经历为他日后建立王学的发展奠定了坚实的基础，并且迅速拓展了其影响力。

其实，这就是“素其位而行，思不出其位”的智慧。面对无可回避的挑战，我们要坚定信念，勇敢地面对，把握时机，把握每一次转折，等待时机的到来。

果然不久之后，王阳明离开了龙场，踏上了辉煌而充满传奇色彩的人生旅程。“素其位而行”展现出一种坚韧不拔的精神，一种大丈夫能够忍受屈辱、勇于接受挑战的气度，一种能够拿得起、放得下的胸怀。

（二）鞠躬尽瘁，死而后已

《白公家训》中说：“事君以忠。居官莫务便于己，凡事益于国，不欺心，不沽名，则不愧于事君矣。”忠诚是一种责任感，它体现在对自身的工作和事业的热忱、对国家和社会的责任感上。无论身处何种职位，都要能够全心全意地投入到工作中，尽力做到最好，从而实现三百六十行，皆有所为，各有所贡献。

如《白公家训》所说，“莫务便于己，凡事益于国，不欺心，不沽名”，尽心尽力地做好自己的本职工作。

诸葛亮是中国人心中智慧与才华的象征。47岁时，他向蜀后主刘禅呈上《出师表》，表达了他为国家“鞠躬尽瘁，死而后已”的决心。为了统一中原，诸葛亮多次率军出征祁山，军营里的事无论大小都亲自过问，连饮食、休息都顾不上。他就这样不知疲倦地工作着，终于积劳成疾，病逝于五丈原，年仅54岁。尽管诸葛亮未能实现统一中原的梦想，但他在政治、军事等领域的卓越才华以及无私奉献、忠心耿耿的品质，将永远铭记于人们心中。诸葛亮以自己的生命来证明蜀汉集团的忠诚，他不惜牺牲自我，勇敢地追求理想，这种精神在他的身上得到了完美的体现。

而在近代，瞿秋白则以他的生命诠释了共产党人的哲学是鞠躬尽瘁、死而后已。1927 年，随着“四一二”“七一五”反革命政变的相继发生，许多共产党人和工农群众惨遭杀害。在大革命遭遇失败的危急关头，8 月，瞿秋白在湖北汉口主持召开了中共中央紧急会议（即八七会议）。会议总结了大革命失败的深刻教训，确立了实行土地革命和武装起义的方针，开启了中国革命由大革命失败到土地革命战争兴起的历史性转变。会后，年仅 28

岁的瞿秋白临危受命，被选为中共中央临时政治局委员、常委，主持党中央工作，带领中国共产党人擦干血迹，继续在革命道路上奋勇前行。

1931 年 1 月，瞿秋白遭到王明“左”倾错误路线的迫害，被解除中央领导职务。面对逆境，他顾全大局，坚决维护党的团结统一，继续为革命忘我工作。作为一名坚强的斗士，他毅然来到了白色恐怖笼罩下的上海，和鲁迅并肩作战，一起领导左翼文化运动，在文化战线上打开了新的局面。

1934 年 2 月，瞿秋白到达中央革命根据地瑞金，任中华苏维埃共和国中央执委会委员、人民教育委员会委员等职。红军开始长征后，他奉命留守苏区坚持游击战争。此时，蒋介石已调集几十万兵力对中央苏区进行“全面清剿”，苏区一片血雨腥风。

1935 年 2 月，瞿秋白不幸在福建长汀被俘。敌人得知他的身份后，采取各种手段企图劝降，但他始终高昂着头颅，坚贞不屈。敌人见劝降不成，便恼羞成怒决定对他进行处决。6 月 18 日，瞿秋白被押送至中山公园，在那里，敌人为他准备了上路前的最后一餐。他自斟自酌，坦然说道：“人之公余，为小快乐；夜间安眠，是大快乐；辞世长逝，为真快乐。我们共产党人的哲学是鞠躬尽瘁、死而后已。”饭毕，他唱着《国际歌》《红军歌》，高呼着“中国共产党万岁”“共产主义万岁”，大义凛然走向刑场。他那鞠躬尽瘁、死而后已的奉献精神，为后人树立了一个榜样。尽职尽责是一种积极进取的人生态度。是我们必备的素质，也是我们成长和成功的基础。

（三）位卑未敢忘忧国

鲁迅先生曾在《中国人失去自信力了吗》这篇文章里写道：“我们从古以来，就有埋头苦干的人，有拼命硬干的人，有为民请命的人，有舍身求法的人……这就是中国的脊梁。”“埋头苦干”如伟大的数学家陈景润、两弹元勋邓稼先，将一生奉献给科学事业，勤奋钻研，数十年如一日；“拼命硬干”如铁人王进喜，“宁肯少活二十年，拼命也要拿下大油田”；“为民请命”如康有为、梁启超公车上书，以变革国家为己任，他们可能是学者、工人、革命者、军人……身份各不相同，但都有着相似的使命感和责

我们从古以来，就有埋头苦干的人，有拼命硬干的人，有为民请命的人，有舍身求法的人……

任感，他们将满腔报国热情转化为在不同的岗位上拼搏进取、坚守使命的行动，他们就是中国的脊梁。[1]

“位卑未敢忘忧国”出自南宋爱国诗人陆游的《病起书怀》。这首诗虽然不太为人所熟知，但“位卑未敢忘忧国”这一句却是当之无愧的诗眼，无人不知，无人不晓，无人不受其感动。

众所周知，陆游是一位伟大的爱国主义者，出生于宋金对峙之际，他一生都希望能够夺回失去的土地。然而，当时的南宋政权缺乏能力和勇气去发动北伐，尽管陆游一直请缨征战，但在朝廷中却并不讨好，因此他也一直被贬官。这首《病起书怀》，正是陆游被贬官之后的心声。

在贬官的同时，又遭遇了一场重病，一般人如何能不感到悲痛？陆游亦如此。但是，他所感伤的不是个人的前途命运，而是“京华父老望和銮”，是“死去元知万事空，但悲不见九州同”。那时的陆游自知将不久于人世，但他仍感到非常悲愤：九州何时才能一统？这不仅仅是一种悲伤的情绪，更是一种深切的思考，对国家和民族的未来发展的忧虑。陆游这样忧心忡忡，他

[1]王玉王、叶栩乔编著：《中华家风丛书：敬业》，中华工商联合出版社，2015年。

是皇帝吗？当然不是。他是宰相吗？他也不是。他只是一个闲居卧病的老人，是一个无能为力、无权无势的人。但是，他仍然知其不可而为之，这就是“位卑未敢忘忧国”，这股精神力量触动了无数中华儿女的心。

明末清初伟大的思想家顾炎武说过一句话：“保天下者，匹夫之贱与有责焉耳矣。”这句话后来被梁启超精炼成了“天下兴亡，匹夫有责”。无论是“位卑未敢忘忧国”，还是“天下兴亡，匹夫有责”，正是这种普通人默默无闻的责任与担当精神，挺起了中华民族的脊梁，它值得我们永远发扬光大。[1]

事实上，每个人都可以以自己的方式来追求为祖国作出贡献的梦想，并且付诸行动去实现它。比如，我们可以通过学习知识，成为更好的人才；或者通过创业创造更多的财富，为国家的发展作出更大的贡献；等等。拥有什么样的理想信念，将会影响到一个人人生的高度、深度和广度。

中国工程院院士、我国第一代核潜艇总设计师黄旭华，他用一生充分践行了什么叫尽忠尽职。

几十年来，黄老一直默默无闻地为打造“大国重器”而刻

[1]《〈平“语”近人——习近平总书记用典〉解说词（第十一集）：咬定青山不放松》，《光明日报》，2018年10月19日，第2版。

苦攻坚。当年他参与核潜艇科研项目时，领导对他说：要时时刻刻保守国家机密，绝不允许泄露工作任务和单位；一辈子隐姓埋名，当无名英雄；进入这个领域就要准备干一辈子，就算是犯了错误，也只能留在单位里打扫卫生。黄老在面对这样的要求时，毫不犹豫地答应了，从此便在外隐居三十载，从未回过家。然而，他的家人一直指责他缺乏孝心，父亲去世未能奔丧，母亲寒了心，甚至把他当作一个不守承诺的人。面对质疑，黄老毅然决然地表示：我对国家的忠，就是对父母最大的孝。

这就是一位老共产党员——“中国核潜艇之父”黄旭华的动人故事。核潜艇精神是这样说的：“自力更生、艰苦奋斗、大力协同，无私奉献。”其中体现了几个方面的含义：“自力更生、艰苦奋斗”，就是我们缺乏外部资源，我们不得不依靠自身力量，即使在最艰难的环境中也要靠自己；“大力协同”说的是我们核潜艇建设是一个极其复杂的系统工程，必须要全国一盘棋，集中所有人的智慧和精力，才能够完成；而最核心的就是“无私奉献”，以黄旭华为代表的老一辈核潜艇人，他们的苦、他们的乐都是无私奉献的一种体现。[1]时至今日，经过几代人的传承，

[1]《〈平“语”近人——习近平总书记用典〉解说词（第十一集）：咬定青山不放松》，《光明日报》，2018年10月19日，第2版。

“无私奉献”已成为中国核潜艇人身上不可磨灭的精神印记。

2019年，《家国与边关》这部公益短片在全国各大电视台播放，深深打动了许多观众。在海拔5380米的神仙湾、最低气温达零下60摄氏度的伊木河，边防战士们与恶劣环境、枯燥孤寂搏斗，哪怕过年不能回家、难与爱人相聚，也无怨无悔，只因脚下站立的地方是祖国。他们用青春证明：最浪漫的不是花前月下，而是忠诚信念；最感人的不是卿卿我我，而是以身许国。现实中，边防战士、执勤交警、电力工人、外卖小哥……他们是一颗颗普通的“螺丝钉”、一块块寻常的“铺路石”，在无数平凡的岗位上默默坚守，守护着万家灯火。[1]

尽管敬业的表现形式因环境而异，但最终，它都是一种责任感和使命感的体现，这便是程颐所说的“所谓敬者，主一之谓敬；所谓一者，无适之谓一”。也就是说，把精力放在自身的职责上，把全部的热忱投入工作之中，这样的态度，就叫作敬业。只有不计较个人的荣誉和损失，才能够在自身的职责范围内取得更大的成就，为社会作出更多的贡献。

习近平总书记曾在新年贺词中指出：“幸福都是奋斗出来

[1]石羚：《涵养深沉的家国情怀》，《人民日报》，2019年4月15日，第4版。

的！”在这个充满机会和挑战的世界里，我们渴望着去探索宇宙的奥秘，璀璨的星河让我们流连忘返。然而，只有坚持不懈、勇于拼搏，才有可能登上那些看似遥远的巅峰。我们应该坚定地坚持“生命不息，奋斗不止”的理念，将它融入工作和日常生活中，以勤奋的工作态度不懈地努力，把握机遇，以勇往直前的责任感，完成人生的每一道考题，实现自己的梦想。

第三节 家风文化中的诚实守信

家风是每个家庭的精神内核。个人成长需要良好家风的影响，家庭幸福需要良好家风的支撑，社会和谐需要良好家风的促进。好家风就像一盏明灯，指引我们前行的方向，为我们照亮人生之路。中华文化博大精深，铸就了源远流长的家风文化。其中，诚实守信被视为我们立身处世的基本规范，是社会持续发展的重要基石，是社会主义道德建设的重要内容，是构建社会主义和谐社会的重要纽带。在中华传统文化中，不仅形成了诚信的道德观念和行为准则，而且铸就了诚信的心理趋向和道德传统。下文将从赤心相待、表里如一、一诺千金三个角度谈谈家风文化中的诚实守信。

一、赤心相待

赤心相待，意思是真心诚意对待别人。出自元代乔梦符《两世姻缘》。它涉及个人的操守、行业的自律，乃至社会的风尚和国家的诚信度。在中华文化中，诚信历来占据着非常重要的地位，它不仅是衡量一个人品行优劣的道德标尺，更是民族精神的重要内核。

（一）不精不诚，不能动人

孔子曰："人而无信，不知其可也。"古代圣人的教诲提醒我们，真诚待人，是为人处世的根本准则。具体要求是要做到真诚、老实、讲信誉，言必信、行必果。从古至今，真诚一直是取得他人信任的最重要的品质。极其真诚而不能使别人感动，这是不曾有过的；相应地，不真诚之人，是不能感动别人的。

三顾茅庐

东汉末年，军阀混战，天下大乱。曹操坐据朝廷，挟天子以令诸侯，孙权拥兵东吴，文臣武将，人才济济，唯刘备人马少、地盘小、力量弱。后来，刘备听说在隆中（今湖北襄阳西南）有一个叫诸葛亮的人，博学多才，足智多谋，可成大事。于是刘备便决定请诸葛亮出山相助。

深冬的一天，刘备带着关羽、张飞，到隆中邀请诸葛亮。谁知诸葛亮恰好不在家，刘备只好回到新野，之后不断派人到隆中打听诸葛亮何时在家。当打听到诸葛亮已经回到家时，刘备当即决定前去二请诸葛。这时，张飞不以为然地说："一个平民百姓，派个人把他叫来就得了，犯不着让你一再去请。"刘备说："诸葛亮是当代大贤，怎么能随便派个人去叫他呢？你还是痛痛快快地跟我去吧。"刘备说服了张飞，叫上关羽，三人骑马直奔隆中而去。

这一天，北风呼啸，大雪纷飞，冷得实在教人难忍。张飞对着刘备大嚷："我等何苦找此罪受！不如等天晴再说。"刘备却说："贤弟，咱们冒着大风雪，不怕山高路远地去请诸葛，不正表明了我们的一片诚意吗？"于是，三人继续往前赶路。不料，这一次刘备又未见到诸葛亮，只好写了一封信说明来意，托诸葛亮的弟弟代为转交，并表示择日再访。

第二年春天，刘备更衣备马，决定第三次前去拜访诸葛亮。张飞、关羽竭力劝阻。关羽说：“我们两次相请，都未见到他，想必他徒有虚名，不敢前来相见。”张飞更是带着轻蔑的口吻说：“我们已经仁至义尽了，这次只需我一人前往，他如若不来，我就将他绑来见你。”刘备连忙说道：“不得无礼，没有诚意哪能请到贤人呢？”

刘备三人飞马直奔隆中，来到诸葛亮的草庐前。此时诸葛亮正在午睡。刘备唯恐打扰诸葛亮，屏声敛气地站在门外静候，直到诸葛亮醒来才敢求见。刘备见了诸葛亮，说道：“久慕先生大名，三次拜访今日如愿，实是平生之大幸！”诸葛亮说：“蒙将军不弃，三顾茅庐，真叫我过意不去。亮年幼不才，恐怕让将军失望。”刘备却诚恳地说：“我不度德量力，想为天下伸张正义，振兴汉室。由于智术短浅，时至今日，尚未达到目的，望先生多多指教。”刘备谦虚的态度，诚恳的情意，使诸葛亮很受感动。于是诸葛亮终于答应了刘备的请求，怀着统一全国的政治抱负，离开了隆中茅庐，出任刘备的军师。他忠心耿耿地辅佐刘备，为“三国鼎立”局面的确立，作出了巨大贡献。

孙起泉：真诚待人

孙起泉，一位驾驶员，就职于北京公交集团第四客运分公司。从事驾驶员工作20年，他安全行车70余万公里，收到乘客来信来电表扬500余件，优异的表现让他连续 8 年被评为集团公司级优秀共产党员和先进生产者，并于2013年获得首都劳动奖章，2015年荣获北京市劳动模范称号。

在同事的眼中，他为人热情诚恳，从不与人计较。他将心底的那份真诚融入工作中，让来自四面八方的乘客，感受到家一般的温暖。有一次，一位外地来京的残疾人在家人的陪伴下专程来到孙起泉所在的车队，向他当面致谢。原来是这名乘客在田村山南路公交站附近工作，每天需要在侯庄子公交站乘坐370路上班。初次乘车时，孙起泉看到该乘客拄拐上车，十分不便，于是停好车后，主动下车搀扶，并帮助他找到座位。第二天孙起泉驾车进入侯庄子站台时，一眼便看见该乘客拄着拐候车。为了方便该乘客上车，孙起泉控制好车速，让车辆靠近站台，并将车门对准该乘客。从那以后，两人似乎达成一种默契，同样的站台，同样的候车位置，同样的操作。这一坚持就是两年多的时间，现在该乘客要回到家乡了，特意来为孙起泉的热心道声感谢。他说："在我的老家，我害怕乘坐公交车，他们总是停到远离我的地方，怕我上车给他们带来麻烦，而我来到北京，您是第一位将车门对准我的司机。在您这里，我感受到了北京公交驾驶员的真诚。"370路途经多个医院和学校，生活性客流较大，是沿途居民出行交通的首选。门头沟区有一路段，下雪后容易积雪，会造成行车时起步困难且车辆容易打滑，存在极大的安全隐患。孙起泉发现这一问题后，只要遇到下雪天气，他就会早早地到积雪路段扫雪，并自费买来融雪剂，消除安全隐患，不仅为其他370路的驾驶员提供安全保障，也为社会车辆带来了一份安心，而这一扫就是20年。刚开始，家人对孙起泉的奉献和付出感到不解，有时还会争吵，但是他依旧坚持。直到有一次下雪，还在休息的孙起泉被女儿叫醒："爸爸，下雪了，下雪了，该去扫雪了。"他简单收拾之后拿上工具出了门，回头一望，妻子和女儿在窗边朝他招手，孙起泉的眼睛湿润了，家人的支持让他心里更踏实。[1]

诚信的品质之所以可贵，就在于你付出真心相待，一定能打动他人，正所谓精诚所至，金石为开。诸葛亮一代奇才，对天

[1]罗淑平，毛月华：《二十年如一日的真诚奉献》，《工会博览》，2017年第34期，第52页。

下大势有着清楚的认识，于他而言，刘备绝不是最佳的选择。但他依然被刘备的诚心相待打动，成为其军师，为蜀汉天下做到了“鞠躬尽瘁，死而后已”。刘备死后，诸葛亮北伐中原时还写下千古名篇《出师表》，表达了他对刘备的感激之情。而孙起泉作为一名普普通通的司机，却能得到乘客的赞扬信500余封，凭借的也是他的真诚。

（二）诚信为本，以义取利

“诚信为本，以义取利”一直是古代商人的行为准则，数百年长盛不衰的“徽商”与“晋商”都将它作为经营的核心理念，即在买卖经商中，信誉重千金，诚心对待顾客，才能生意兴隆，取得最好的利益。

陶四翁：烧毁假紫草

宋朝时期有一位开染布店的老板叫陶四翁，他为人诚实忠厚，做生意讲求信誉，赢得了当地居民的一致好评。

一天，一个人推着一车染布用的原料紫草，来到陶四翁的染布店向他推销。陶四翁做人一贯忠厚诚实，而且刚好店里剩的紫草不多了，于是毫不怀疑，花了400万钱，把那一车紫草全部买下了。不久，一个买布的商人来店里进货，看见了这些紫草，便告诉陶四翁：这些紫草是假的。陶四翁大吃一惊，还有些不相信。商人告诉陶四翁一些检查紫草的方法，陶四翁照商人所说的一试，果然是些假紫草。

陶四翁心里很着急，因为做的是小本买卖，手头并不宽裕。这位商人与陶四翁交往多年，看着他焦急的样子，忙安慰他："没关系，假紫草也是可以用来染布的，价钱便宜点卖就是了；你放心，卖布的事就交给我了。"

第二天，商人再来进货，陶四翁却没有一匹染布，他还当着那位商人的面，毫不犹豫地将那些假紫草全部烧掉。陶四翁深知，做人一定要诚实，经商更要诚信；宁可自己受损失，也不能欺骗顾客。

陶四翁对诚信的坚守，感染了他的后代，也成就了他的家业。他的子孙们也像他一样，诚实守信，童叟无欺，最后都成了大富商。

在当今社会，这样的事例也不少见，2023年河北涿州大水，给当地居民带来了巨大的损失，其中有一饮料批发商人的仓库不幸被水浸泡，他并没有以次充好，继续保留售卖，而是当众将价值200万的商品销毁，一句"不能让水泡过的东西流入市场"，深刻展示了诚信在当今社会的力量。相信这次损失并不能击倒他，就凭其诚信的品质，一定能在该领域东山再起。

我们也可以看到，那些因为失信于人而被社会淘汰的个人或企业。比如，曾经辉煌一时的三鹿集团，因为添加三聚氰胺的事件曝光而在一片指责追讨声中狼狈地退出社会市场的舞台；再比如百年食品老店南京冠生园，因将陈馅翻新制成月饼出售一事被央视曝光，失去顾客信任，短短一年时间内就不得不宣布破产。

商人经营谋利，要讲究“诚信”二字，只有诚心对待顾客，建立良好的信誉，才能得到人们的认同，才能真正做到谋利。陶四翁与饮料批发商，宁愿自己的利益受损，也要讲诚信，保持自己的信誉，这不但得到了人们的认可，也使之后的经营之路更加通顺，形成了良好的家风。

（三）内不欺己，外不欺人

真实无妄，诚实不欺，这是一种普遍的道德要求，是一个人的立身之本。“君子坦荡荡，小人长戚戚。”一个行得正、立得端，真诚待人的人，在当今社会，绝不会长久吃亏；而不诚实的人，虽能欺骗一时，但总会露出破绽，导致丢失他人信任，终尝恶果。

立木为信

春秋战国时，秦国的商鞅在秦孝公的支持下主持变法。当时处于战争频仍、人心惶惶之际。为了树立威信，推进改革，商鞅下令在都城南门外立一根三丈长的木头，并当众许下诺言：谁能把这根木头搬到北门，赏十金。围观的人不相信如此轻而易举的事能得到如此高的赏赐，结果没人肯出手一试。于是，商鞅将赏金提高到五十金。重赏之下必有勇夫，终于有人站起将木头扛到了北门。商鞅立即赏了他五十金。商鞅这一举动，在百姓心中树立起了威信，而商鞅接下来的变法就很快在秦国推广开了。新法使秦国渐渐强盛，最终统一了中国。

而同样在商鞅“立木为信”的地方，在早它400年以前，却曾发生过一场令人啼笑皆非的“烽火戏诸侯”的闹剧。

烽火戏诸侯

周幽王有个宠妃叫褒姒，为博取她的一笑，周幽王下令在都城附近20多座烽火台上点起烽火——烽火是边关报警的信号，只有在外敌入侵需召诸侯来救援的时候才能点燃。结果诸侯们见

徙木立信

到烽火，率领兵将们匆匆赶到，弄明白这是君王为博妻一笑的花招后又愤然离去。褒姒看到平日威仪赫赫的诸侯们手足无措的样子，终于开心一笑。五年后，西夷犬戎大举攻周，幽王烽火再燃而诸侯未到——谁也不愿再上第二次当了。结果幽王被逼自刎，而褒姒也被俘虏。

一个“立木取信”，一诺千金；一个帝王无信，戏玩“狼来了”的游戏。结果前者变法成功，国强势壮；后者自取其辱，身死国亡。可见，一个国家可以因为“信”而繁荣兴盛，也可以因为“无信”而快速衰亡，诚信的力量一至于斯。所以我们要把诚信作为家风家训的重要内容，既不欺骗自己，也不欺骗他人。

然而，近年来，每每打开新闻网页，总是能看到一些令人触目惊心的内容：售卖假烟、假酒、假饮料、假奶粉等，前段时间更是出现了假疫苗，以致有网友戏称：“你得的病是真的，而疫苗却是假的。”这不得不使我们在感到心寒的同时，思考这样的问题：难道国民的诚信水平真的在不断下降？这个礼仪之邦真的出现了诚信危机？

个别小孩子有说瞎话的毛病姑不待言，甚或许多成年人依然把诚信视为儿戏。

有的人唯利是图，弄虚作假，坑蒙拐骗；有的人欠钱不还，百般推辞，成为“老赖”；还有的人瞎编滥造、满嘴假话、一派胡言、到处忽悠，一旦被识破，便毫无立身之地。对这些不讲诚信的问题，我们不能听之任之、姑息纵容，必须引起足够重视，采取有效的举措，切实加以解决。

那么，诚实守信的好家风应该如何建设呢？

诚信，是社会主义核心价值观的重要内容之一，在好家风建设中，应作为重中之重，持之以恒搞好教育，点点滴滴加强培养，使诚实守信成为每一个社会成员的自觉行动。

首先，在家庭当中要做到讲诚信。万丈高楼始于基。家风就是一个人和一家人成长的“地基”，传递了一个家庭或家族的道德准则和价值取向。优良的家风家训能够在一言一行间影响孩子的心灵、塑造孩子的品格，像春雨滋润大地一样，润物无声。中华

家风就是一个人和一家人成长的“地基”，传递了一个家庭或家族的道德准则和价值取向。

民族自古以来就重视家风建设，注重家风传承。孔子庭训“不学礼，无以立”，诸葛亮《诫子书》“静以修身，俭以养德”，朱子家训“半丝半缕，恒念物力维艰”，岳母刺字激励儿子精忠报国……一篇篇治家经典，蕴藏着古人丰富的智慧和深刻的人生哲理，不仅令家族人才辈出，更给社会树立了良好的标杆，感召世人崇德向善。

在家庭中，父母要给孩子树立一个好的榜样，不能糊弄孩子，孩子也不能欺骗父母，兄弟姐妹之间要坦诚相待，不能干出坑骗家人的事情来。

一般来说，学龄前后的小朋友尚未形成明确的道德观，在他们的认知能力范围中，并不清楚“真的”与“假的”、“对的”与“错的”之间差别在哪里。在他们的世界里，只要能让自己舒服、高兴的事就是“对的”，而能避免父母生气与责备的事就是“好的”。孩子说的谎，大多不含恶意，有的可能是因为自我保护意识，害怕被责罚，有的则可能是为了赢得大人的关怀，达到个人的“小目的”。

凡遇到这种情况，家长要保持冷静的态度，先弄清孩子说谎的原因，有针对性地来解决。要给孩子讲清道理，指出错在哪里，应该怎样做，而不是简单粗暴地打骂训斥，一味责怪孩子，致使孩子失去了自尊心。

诚实守信的观念，不是靠一两件事情、经过一两天就能养成的，而是需要讲究科学的教育方法，经过长期不懈努力才能形成的。诚信教育，要从小培养，循循善诱，点点滴滴养成好习惯。为了培养孩子诚实守信的品质，家长要教育孩子说真话，不说假话；在犯错误时，要勇敢地承认错误，并及时改正；不轻易拿他人的东西，借别人的东西要还；捡到东西要还失主；等等。通过以上这些，让他成为一个正直、诚实的人。

家长一旦发现自己的孩子有说瞎话的毛病，要盯住不放，妥善施教，帮助孩子改正，直到把问题解决好。否则，从小爱说谎话，大了不可能讲诚信。从小若养成不好的习惯，以后改起来就难上加难了。

俗话说，有其父，必有其子。龙生龙，凤生凤，老鼠的儿子会打洞。家庭是孩子的第一课堂，家长是孩子最好的老师。如果家长不讲诚信，又怎么能培养出守信誉的孩子呢？世界上最聪明的人是最老实的人，因为最老实的人才能经得起事实和历史的考验。

作为当家长的，一定要给孩子做出好的榜样，说老实话、办老实事、做老实人，讲诚实、守信誉，无论是在家中，还是在社会上，都能做到诚实劳动，信守承诺，诚恳待人，用一言一行的模范行动，给孩子上好人生重要的诚实守信课。

要在全社会持续开展诚信教育，“正家而天下定矣”。家是社会结构的基本细胞，家风是社会风气的涓涓细流，小家“和”才有大家“乐”。当我们从一个个小家庭步入广阔的社会大天地时，从小家庭中传承的良好道德品质、行为准则，能影响和带动更多人凝聚起向上、向善的磅礴力量。近年来，国家开展各级最美家庭、五好家庭的评选和表彰活动，就是对时代美德的汇聚和提炼，也是在全社会范围的一次正能量传播。当广大家庭普遍形成见贤思齐、崇德向善的良好氛围时，社会的和谐安宁也就有了更多保障。

要广泛宣传道德模范的先进事迹，大力弘扬道德模范热爱祖国、奉献人民的家国情怀，自强不息、砥砺前行的奋斗精神，积极进取、崇德向善的高尚情操，推进社会公德、职业道德、家庭美德、个人品德建设。全国有许多诚实守信道德模范——他们用行动诠释诚信。

比如，为牺牲战友守墓40余年。巍巍喀喇昆仑山脚下，新疆叶城县烈士陵园庄严肃穆，200余位烈士长眠于此。在这座陵园里，曾有一位维吾尔族退伍老兵艾买尔·依提，毕其一生信守着对战友的承诺，默默地做一名守墓人。“我不能让逝去的战友们感到孤单、寂寞。”

比如，带领村民于绝壁上凿出9400米“生命渠”。大山深处，远离水源，贵州遵义草王坝村全村900多人靠一口老井打水喝。1958年，23岁的村支书黄大发带领村民，历时36年，绕3重大山、穿3道悬崖，凿出一条总长近10公里的“生命渠”。36年坚持，他坚持的是对自己的承诺。一生只为一清渠！

还比如，传下去的不光是手艺，更是良心。一杆良心秤守了两百年。湖北武汉市新洲区的江玉珍、江远斌姐弟，是江家秤第五代传人，信守祖辈200多年做秤“准确公道、分毫不差”的祖训，不为利益所动，不赚昧心钱，诚信做秤，美名传扬。

像这样的诚实守信事例举不胜举，其先进事迹非常感人。要加大宣传力度，通过典型引路，让人们充分认识到，诚实守信是中华民族的传统美德，是每个人都要遵守的道德和行为规范，积极营造诚实守信的良好社会氛围。

要建立健全社会诚信体系。通过有效的信用激励和失信惩戒，增强全社会信用意识，营造诚实守信、公平竞争的市场环境。对诚实守信的，该奖励的要予以重奖；对不守信用的，该受限的要受限，该处罚的要处罚，触碰法律、影响恶劣，该追究刑诚信是道路，随着开拓者的脚步延伸；诚信是智慧，随着博学者的求索积累；诚信是成功，随着奋进者的拼搏临近；诚信是财富的种子，只要你诚心种下，就能收获丰硕的果实。

事责任的，绝不能心慈手软。

诚信是道路，随着开拓者的脚步延伸；诚信是智慧，随着博学者的求索积累；诚信是成功，随着奋进者的拼搏临近；诚信是财富的种子，只要你诚心种下，就能收获丰硕的果实。传承好家风，必须做到诚实守信。

二、表里如一

表里如一，意为表面和内心一样，形容言行和思想完全一致。这个成语出自刘勰《文心雕龙》："首尾周密，表里一体。"后来《朱子全书》又云："行之以忠者，是事事要着实，故某集注云：'以忠，则表里如一。'"收藏家用它评价玉的优劣：表里如一者为上品。郭沫若将它给了《屈原》："我言行一致，表里如一，事实俱在，我虽死不移。"

现在有些人觉得，在切实的个人利益面

前，很少有人能真正做到表里如一。在官场或者职场始终保持表里如一的人就是傻子、呆子，是寸步难行的。但我想，如果学着说一套做一套、口是心非，大概是更没有出路的。

毛泽东在给徐特立的信中赞扬说：“你是心里想的就是口里说的与手里做的。”同时又对有些人的表里不一提出了批评：“他们心之某一角落，却不免藏着一些腌腌臜臜的东西。”大革命失败时，“许多共产党员离开了共产党，有些甚至跑到敌人那边去了”，徐特立却在腥风血雨的1927年秋，50岁加入共产党，“而且取的态度是十分积极的”。这种积极态度，跟随了他后半生，直到91岁离世。长征路上，徐特立拄着竹杖，和大家一同行军。瞿秋白在告别时换给他一匹好马，他却总让给伤病员骑。长征两万五千里，他骑马不过两千里，人称“徐老徐老真是好，不骑马儿跟马跑”。新中国成立后，徐特立出任中宣部副部长，然而在他感到记忆力减退时，便自动申请免职，这在当时是很少见的。

“不经风雨，哪能见彩虹。”正是因为今天面对许多复杂情况的考验，我们才更加崇尚表里如一。无论哪个层面讲，做到言行一致、表里如一者，便可称得上是时代英雄。

“表里如一”追求的是一种内在的精神境界，要达到这一境界，就需做到“两个如一”，就是说得做的一个样，人前人后一个样，言行如一，心口如一。最隐蔽的东西往往最能体现一个人的品质，最微小的东西同时最能看出一个人的灵魂，而真正强大的人其实就贵在这两个如一。

（一）言行如一，躬身笃行。

言行如一是恭敬的为人准则。《论语·为政》中记载：子贡问老师孔子怎样做一个君子，孔子告诉他：“先行其言，而后从之。”这虽是简单的一句话，但孔子却用它一语道破了成为君子的要诀之所在。

儒家以推行仁政为己任，把道德教化作为实现这一理想的重要渠道，而德不仅要言传，更要身教。孔子作为儒家的一代宗师，不仅建立了一个以仁为核心的完整伦理思想体系，把社会道德规范集于一体，更是几十年如一日，率先垂范，积极践行。

如果不先行其言，而是夸夸其谈，用自己没有验证过的理论来教训、说服别人，往往只会适得其反，正如孔夫子所说“巧言令色，鲜矣仁”。那些夸夸其谈，鲜少施于实践的人，大多数都是取于利而鲜于仁。

1945年参加革命，1946年入党的傅显忠，可谓当地乡里、村里的老革命了。但他从不居功，不自傲，不贪图享受，不讲究待遇，把全部身心都用在事业上。他去世前身边只有五元七角四分钱，全部交了党费。

他公私分明，从不占公家半点便宜。他住在村委会，来客全由他接待，他从不陪吃，从不抽招待客人的一支烟。

他为集体精打细算，从不乱花一分钱。他当会计时掌管着几万元，自己却用秸秆做的蘸水笔记账，抄写东西的纸不是旧账本就是旧日历。布置宣传栏的开支也都是他个人花的钱。

他想的是别人、集体，唯独没有自己。实行工分制时，大家给他评8分，他硬是给自己定了4分。村里分发给他11元奖金，直至临终前，他向会计交代把这钱转到集体的账上。

傅显忠同志大公无私、先人后己的动人事迹，在三里屯的乡亲中有口皆碑。傅显忠曾说过，现在有少数党员干部不正派，从他们口里宣传出来的东西都“变味”了，老百姓就是不信不听。是的，“天桥的把式”光说不练，你宣传得再好，也只会令人反感。可以想见，一个没有信仰的人去谈共产主义理想，一个“钻进钱眼”的人去讲无私奉献，一个违法乱纪的人去宣传遵纪守法，到底会有多大效果！只能是“台上他讲，台下讲他”，这样一来，再正确的东西经这样的人讲也要“变味”。

那么，傅显忠的宣传，群众为什么买账？为什么有说服力？

为什么能够打动人心？其中一个重要的原因，就是他做到了言行一致，表里如一。他不仅是个言者，而且是个行者；不仅说得好，而且做得正。傅显忠要求别人做到的，他自己首先做到；要求别人不做的，自己带头不做。正如他所说的，我向别人宣传的，都是我实际做的事。如此言行如一、躬身笃行，自然能得到群众的信任与爱戴了。

（二）心口如一，襟怀坦荡。

心与口是人发话的两端，做人要实，唯心口如一之人才是可信可交之人。

这世间口若悬河、信誓旦旦之人太多，然而话从口出后，心一如既往遵从己言的人却是寥寥无几。常言道人善之首，即是心口如一。这话正是告诫众人：口中所言皆应出自肺腑，语出之理也当极尽恪守。

北宋时期著名的文学家和政治家晏殊，14岁时被地方官作为“神童”推荐给朝廷。他本可以不参加科举考试便能得到官职，但他还是毅然参加了考试。凑巧的是那次的考试题目他曾经做过，并得到过名师的指点。于是，他不费力气地脱颖而出，并得到了皇帝的赞赏。但晏殊并没有因此而洋洋自得，而是在接受皇帝的复试时，把情况如实地告诉了皇帝，并要求另出题目，当堂考他，皇帝与大臣们商议后出了一道难度更大的题目，让晏殊当堂作文。结果，他的文章又得到了皇帝的夸奖。晏殊当官后，每日办完公事，总是回到家里闭门读书。皇帝了解到这个事况，十分赞赏，点名让他辅佐太子。当晏殊去向皇帝谢恩时，皇帝又当面称赞他能够闭门苦读。晏殊却坦诚地说：“我不是不想去宴饮游乐，只是因为家贫无钱，才不去参加。我是有愧于皇上夸奖的。”晏殊的坦诚深得皇帝的信赖，认为他既有真才实学，又质朴诚实，是个难得的人才。后来，晏殊凭借自己的品德和才华成为了北宋的宰相。

表里如一的实质是诚实守信，是待人接物方面的一种重要的行为准则，千百年来一直被视为做人的美德之一。诚实守信，就是言行一致、表里如一、实事求是、讲究信用，只有内心诚实，做事才能守信用。诚实，就是一个人内心忠诚老实，思想真实，光明磊落，言语真切，没有虚假；守信，就是一个人办事认真，说话算数，信守诺言，说到做到。我们在社会交往中只有真诚待人，就像晏殊那样，始终做到表里如一，言行一致，才能得到别人的真诚相待。

表里如一是中华儿女优秀的品德，是每个家庭都应该着力培养的优良家风。那么，该怎样教导子女做一个表里如一的人呢？

我想，最重要的当是家长要发挥好表率作用。然而，现在的很多家长却没有意识到这一问题。由于家长经常说一套、做一套，便有深感困惑的孩子忍不住写了一封《告家长书》，质疑家长的矛盾行为：“你们常常教育我要有爱心，要爱护小动物，但上回在路上看到流浪狗，你们怎么一脚将它踢开？你们常常教育我不要随地吐痰，乱丢纸屑、果皮，可你们怎么随地吐痰，乱丢纸屑、果皮？你们常常教育要我尊老爱幼，可你们为什么对楼下的那个奶奶那么凶？你们常常教育我要遵守交通法规，可你们为什么不去遵守，总闯红灯……”

在这封《告家长书》中，这名学生还列举了不少家长言行矛盾的例子：妈妈教育他要勤俭节约，但看到几千块钱的包包，自己想都不想就买下了。爸爸教育他要爱护环境，但外出游玩时，却总是乱扔垃圾。家长曾教育他要尊老爱幼，但在车上，每每他想让座时，却总被父母紧紧地摁在座位上。该学生说，以往父母在他心目中的形象很高大，是他崇拜的对象，但随着他长大，父母言行不一的矛盾表现破坏了他们在自己心中的形象。

一位当老师的朋友曾说起过这样一件事：她到一名成绩欠佳的学生家家访时，家长称自己经常教育孩子好好学习、多看书，一旁的学生反驳道：“你每次都这么说，那你怎么不看书，老是出去打牌……”由此可见，在日常生活中，家长言行不一的矛盾举动并不鲜见。

家长说一套做一套，会让不谙世事的孩子无所适从。随着孩子的长大，家长的这些行为会引起孩子的反感。学生写出《告家长书》，实则就是对家长言行不一的行为的质问，应该引起家长的反思。

要把孩子培养成诚实、有道德的人，家长首先要对孩子言而有信，不做双面人，不要当面一套、背后一套，不要人前一个样、人后一个样。孩子在这一点上的不足，社会、学校有责任，但作为孩子的家长，更有着不可推卸的责任。做人是孩子的立身之本，欲使孩子成才，先教孩子做人。这是家庭教育最重要的任务，在孩子幼小的心灵中，家长是他们的依靠，是他们心灵的港湾，家长的一言一行，就是孩子最好的老师。

家长要言行一致。除了答应孩子的事情要信守诺言外，自己的言行也要达到一致。家长可以好好想一想，希望自己的孩子成为什么样，而自己在平时生活中又是如何做的，这两者是否一致？如果不一致，父母就要从自己做起，努力按照要求孩子实现的目标去做。如此，在父母亲身实践的带领下，孩子才有可能按照父母的希望成长，孩子才有可能成为正直、善良的人。

但是现实生活中，我们都是活生生的人，时有“犯错”也在所难免，这要看做家长的如何对待这样的“犯错”。并不是每个家长都能正确对待自己在孩子面前所犯下的错误。其实只有及时改正自己的不足，才能赢得孩子的信赖，家长的形象才能更加高大。表里如一，是一种境界，是一种精神。有表里如一的家长，才有表里如一的孩子；表里如一的孩子，才是健康的孩子；健康的孩子才能成才。

三、一诺千金

《论语》有云：“与朋友交，言而有信。”可见一个人在与他人交往时，诚实守信非常重要。“信”是中国传统智慧的重要内容之一。“一诺千金”也叫“千金一诺”，讲的是为人处世要说话算数，讲究信用，说到做到，言而有信。比喻自己说过的话，答应的事，就如同千金般贵重。

（一）以诚感人者，人亦诚以应

秦朝末年楚国项羽麾下的一员大将名叫季布，他为人豪爽、性格耿直、仗义疏财，特别讲究诚信。只要是他答应过别人的事，无论事情有多么艰难，他都一定会努力想办法做到。因此他深受人们的尊敬和赞赏。当时到处流传着一句谚语：“得黄金百斤，不如得季布一诺。”

季布是员虎将，足智多谋，经常献计给项羽，让刘邦吃了不少的败仗。刘邦很是恼恨季布。后来，楚汉争霸中，项羽狂妄而败北。刘邦称帝后，立即悬赏一千两黄金通缉季布，并通告任何人胆敢窝藏季布就灭他三族。但是，由于季布为人讲诚信，深得人心，人们宁愿冒着被诛灭三族的危险，也愿意庇护他，更不想为了那一千两黄金而去出卖他。

有一次，季布躲在了一个姓周的朋友家里。周家为了确保季布的安全，想方设法将季布转移到鲁国一户姓朱的人家。朱家很佩服季布诚信的品质，尽力地将季布保护起来。不仅如此，他还专程到洛阳去找汝阴侯滕公，请滕公解救季布。汝阴侯滕公也特别佩服季布的肝胆侠义，于是便觐见了刘邦，在刘邦面前为季布说情，刘邦最后终于赦免了季布。不久还任命季布做了河东太守。

可见，诚信、侠义、乐于助人的品格挽救了季布，也成就了季布。“一诺千金”终流芳千古。后来人们就用这个成语来比喻一个人说话算数、讲究诚信。

诚信问题属于道德的范畴，涉及的是品格，影响的是社会。

“一诺千金”源自古代，惠及当今，泽被后世。一个人处世坚守诚信必然成功，缺乏诚信必定失败。因此无论做什么事情，讲究诚信是底线、是根本。如果不讲诚信，即使一时赚得便宜，最终也会毁掉自己的人生。

（二）一诺许他人，千金双错刀

“一诺许他人，千金双错刀”出自李白《叙旧赠江阳宰陆调》，说的是答应别人的事情，就如同千金般贵重，自己承诺过的事，就要努力兑现，不能言而无信。

古往今来，因重视诺言而美名流传的人和事不在少数。有一天，曾子的妻子要去赶集，孩子哭着叫着要和母亲一块儿去。于是母亲骗他说：“乖孩子，待在家里等娘，娘赶集回来给你杀猪吃。”

孩子信以为真，一边欢天喜地地跑回家，一边喊着：“有肉吃了，有肉吃了。”孩子一整天都待在家里等妈妈回来，村子里的小伙伴来找他玩，他都没去。他靠在墙根下一边晒太阳一边想象着猪肉的味道，心里甭提有多高兴了。

傍晚，孩子远远地看见妈妈回来了，他一边三步并作两步地跑上前去迎接，一边喊着：“娘，快杀猪，快杀猪啊，我都快要馋死了。”曾子的妻子说：“孩子，你知道吗？一头猪的价钱要顶咱们家两三个月的口粮呢，怎么能随随便便就把它杀了呢？”孩子一听，哇地一声哭了起来。

曾子闻声赶来，知道了事情的真相后，他二话没说，转身就回到屋子里。过一会儿，他手里提着菜刀走了出来，然后径直朝猪圈走去。妻子不解地问：“你举着菜刀跑到猪圈里干啥？”曾子毫不思索地说：“杀猪。”妻子一听，扑哧一声笑出声来：“不过年不过节的，你杀的哪门子猪呢？”曾子严肃地说：“你不是答应过孩子要杀猪给他吃肉吗，既然答应了就应该做到。”妻子说：“我只不过是骗骗孩子，和小孩子说话何必当真呢？”曾子说：“对孩子就更应该说到做到了，不然，这不是明摆着让孩子学着家长撒谎吗？大人说话都不算数，那以后还怎么教育孩子呢？”

妻子听后惭愧地低下了头，之后夫妻俩便真的把猪给杀了。孩子吃上了猪肉，而且还宴请了乡亲们，并告诉乡亲们教育孩子要以身作则。曾子的做法，虽然遭到一些人的嘲笑，但是他却教育出了诚实守信的孩子。曾子杀猪的故事也一直流传至今，他的人品一直为后代人所尊敬。

蔡勉旃坚还亡友财的故事也体现了诺言的重要性。蔡璘，字勉旃，吴县人。很注重诺言和责任，对情谊很忠厚、笃实。有一位朋友将很多钱寄放在他那里，没有立字据。没有多久，这位朋友就死了。蔡璘呼唤那人的儿子来，把钱还给他。那人的儿子感到惊讶没有接受，说："嘻嘻，没有这件事呀，怎么会有寄放那么多钱却不立字据的人呢？况且，我的父亲也没有告诉过我这件事呀。"蔡璘笑着说："字据立在心中，不是立在纸上。你父亲以我为知己，所以没有告诉你。"于是便用车子把钱运到那人家中。

站在家庭教育这一块，家长的诚信会潜移默化地影响着孩子的诚信，所谓"润物细无声"讲的就是这个道理。所以家长应该以身作则、以诚待人，杜绝作假、杜绝虚伪，给孩子做出诚信的榜样。只有家长讲诚信，孩子才会受到感染而守信。家长用自己的行为去影响孩子，是教育孩子最直观、最有效的方法。"一诺千金"的故事告诉我们培养孩子拥有诚实守信这种良好的品质，孩子往往能得到他人的尊重与认可。所以家长要建立"一诺千金"的良好家风。

（三）信者，诚也，专一不移也

讲信用的人，便是诚实的人，面对许下的诺言，能专心去履行，承担起这一份责任，不会轻易放弃。

治沙英雄郭万刚，一诺千金，一生坚守，良好的家风还影响着他的子女，一起投身到治沙这一伟大工程中。

冬天的八步沙林场一片肃杀，远远望去满目黄色。吹在脸上像刀割一般锋利的寒风，让置身其中的人们总是不由得打起寒战，而年近古稀的郭万刚对这一切早已习以为常。零下十几摄氏度的天气，郭万刚一早就到离林场几十公里外的管护站查看情况，之后又和林场职工一起压草方格，麻利的动作时常让人忘了他的年纪。

郭万刚是甘肃省武威市古浪县八步沙林场场长。不久前，他刚刚被授予第八届全国道德模范荣誉称号，是 13 名全国诚实守信模范之一。领完奖的第二天，郭万刚就踏上归途。他心里放不下的，是那个与之抗争却也相伴了几十年的沙窝窝——八步沙。他与八步沙的“缘分”，源于近四十年前许下的一个承诺。[1]

郭万刚的家乡古浪县地处河西走廊东端，北邻腾格里沙漠，是全国荒漠化重点监测县之一，全县沙化土地面积达到 239.8 万亩，风沙线长达 132 公里。

“一夜北风沙骑墙，早上起来驴上房”。生活在这里的人们在风沙侵袭中艰难生存。到 20 世纪 80 年代，沙化加剧。春季

[1]多蕾：《治沙英雄郭万刚：一诺千金，一生坚守》，新华每日电讯，2022年1月25日。

的一场“黑风暴”往往会使一年的庄稼绝收。

八步沙地处腾格里沙漠南缘，是古浪县人与沙漠抗争的最前沿，也曾是当地最大的风沙口。“为了保住自家耕地不被沙子埋掉，我父亲从 20 世纪 60 年代就在家门前的一块地上治沙。”郭万刚说。

1981 年，郭万刚的父亲郭朝明和贺发林、石满、罗元奎、程海、张润元六位老人响应国家号召，在合同书上郑重摁下指印，以联户承包的形式组建了八步沙集体林场。

本着保护家园的朴实信念，几位老人同大自然顽强抗争。树苗栽上、被风沙吹走、再栽上……渐渐地，他们发现，周围有草的树苗可以保住。于是，他们在树窝周围埋上麦草以抵挡风沙。慢慢地，八步沙的树渐渐多了起来。为了让治沙后继有人，郭朝明动员儿子郭万刚接自己的班。对于接班，当时在供销社端着“铁饭碗”的郭万刚并不情愿。

当时八步沙条件极为艰苦，治沙全凭“一双手”，一旦答应下来就意味着一年四季在沙窝里打转转。

“当时父亲再三跟我说，不论多苦多累，一定不能让沙子把我们的地埋掉。”郭万刚看着好不容易栽活的树苗，想到父亲多年的辛劳，身为家中长子的他只得答应父亲，替他“守住八步沙”。

当时，郭万刚虽然来了，但并没有下定决心将一生都奉献给八步沙，对于未来他其实很迷茫。“当时我想，一个农民生活来源都不能保证，哪有能力一直治沙。没想到一干就干了 40 年，这也是我和八步沙的缘分吧！”

是什么让郭万刚下定决心坚守八步沙？郭万刚回忆起自己经历的一场特大沙尘暴。

1993 年 5 月 5 日下午，被当地人称为“黑风暴”的沙尘暴袭来之时，郭万刚和第一代治沙人罗元奎老人正在沙漠里巡逻。他们在昏天暗地的沙漠里转了六七个小时才走出沙漠。沙尘暴所到之处，刚刚发芽的庄稼受损严重，乡亲们那一年又没了收成。回到家之后，他们听说古浪县有 20 多个学生娃因为那次特大沙尘暴失去了生命。

“如果我们的土地保不住，我们的孩子也保不住，我们还有什么希望！从此我下定决心，这辈子要把治沙这个事干到底。”从那时起，郭万刚才真正意识到自己对父亲许下的那个承诺有多重。

春秋两季治沙造林，冬季护林防火、修剪林木，八步沙的农民一年四季都与草方格为伴，没有“农闲”。面对一眼望不到头的黄沙，他们一年又一年义无反顾地重复着枯燥而艰苦的治沙生活。

当初在合同书上摁下手印的六老汉已经有五位老人相继离世。石银山、王志鹏、程生学、罗兴全、贺中强等第二代治沙人继续奋斗，扛起治沙重任。

一把草、一棵树……渐渐地，八步沙有了绿意。据测算，八步沙林场管护区内林草植被覆盖率由治理前的不足3%提高到现在的70%以上，形成了一条南北长10公里、东西宽8公里的防风固沙绿色长廊。

“国家的治沙造林项目为我们补助了苗木费和劳务费，农田和村庄保住了，大伙儿心里暖烘烘的。”郭万刚说。

治理完八步沙，第二代治沙人抬头看向了沙漠更深处。他们治沙的脚步向距离更远、条件更加艰苦的地方迈进。

因为新的治沙点距离林场较远，他们像父辈一样，卷起铺盖睡在沙窝里。沙地上挖个坑，上面搭成简易帐篷，这样的“家”他们一住就是十几年。40年来，八步沙林场累计完成治沙造林面积25.2万亩，封育管护面积达到43万亩。

第四节 家风文化中的友善处世

中华友善家风不仅是对中国传统家风文化的继承，也是对当代友善价值观的契合，友善家风本质上倡导的是中国的仁善文化，其落脚点也是在自身价值观上，在其发展过程中，要求人们积善除恶、行德改过，诚信交友、关爱邻里，心系家国、助人为乐。在无数中华好家风中，友善家风与社会主义核心价值观个人层面中的友善思想直接联通，它深刻地阐释了友善的价值真谛，践行了友善的价值思想。对于中国人来说，天有好善之德，人有好善之心，发之于外，就是尊师敬亲，诚以待友，宽以待人。

一、尊师敬亲

人，作为一个生命。从呱呱坠地那一天起，爱就像阳光一样，无时无刻不在普照着我们。生育我们的母亲，用甘甜的乳汁一天天把我们养大；父亲用宽厚的肩膀将我们高高地托起，让我们看见外面的世界，像大树一样为我们遮风挡雨。父爱如山、母爱如海。在我们成长过程中，给予我们最多的是父母，他们的爱是无私的、无畏的、真诚的、伟大的，是不求回报的。因此，我们应该要感恩父母，感谢他们给予了我们生命，感谢他们给予了我们人世间最浓的亲情和最深的挂念。

我们从懵懂到成熟，从无知到有为，在人生的成长历程中，是老师教会我们知识，教育我们做人。老师曾经说过这样的话："我们不需要太多的荣誉和赞美，我们只喜欢'老师'这两个字……"这质朴的语言无疑是老师们共同的心声，是他们内心世界最真实的情感流露。我们感谢老师辛勤的教育，感恩于他们的谆谆教诲。

中国古圣先贤的教育，是从孝亲尊师开始。一个人孝亲，他就会尊师，那么他学习东西的心就会真诚。一个人有了真诚心、恭敬心，才能学到真东西。如果心浮气躁，对父母没有孝心，对老师没有尊重心，那他学的只是皮毛，而不能学到真东西。既如此，老师教学生什么呢？是重道！老师教学生是传道、授业、解惑，而学生对老师也要像对父母一样去尊重、去恭敬，这样才能真正地把老师的继承下去。一个人能成圣成贤，关键要靠什么呢？父母和老师。其实我们每个人都知道，我们最难忘就是父母和老师。老师陪伴我们读书，读书时最亲的就是老师，每天背着书包去上学，看见老师都非常欢喜。就是说，跟老师建立的这种感情跟父母是一样的，所以我们这一生，影响我们最大的就是两个人，一个是老师，一个是父母。父母给了我们生命，老师给我们的是慧命，父母教儿女要尊师重道，老师教学生要孝敬父母，所以亲师合作，共同把学生教好，把人教好。

还有一点非常重要，就是“孝亲是尊师的基础”。学生对老师尊重的态度，是建立在孝道的基础上。

《孝经》说：“不敬其亲而敬他人者，谓之悖礼。”人一定是先尊重对自己恩德最大的父母，然后再延伸到尊重老师、尊重长辈。

一个人没有孝亲的根，是不可能尊重老师的。孔子告诉我们：“夫孝，德之本也，教之所由生也。”老师真正为学生好，首先要教学生孝道。

很多孩子非常单纯、善良，学习完《弟子规》后，一大早就站在父母的房门口，看到父母出来，马上九十度鞠躬，说：“爸妈，早上好！”孩子能如此，相信做家长的一定会非常欣慰。这样的孩子到学校，自然懂得尊重老师；到社会，自然会尊重身边的每一个人。

古人的拜师礼，会先向孔老夫子行三跪九叩首礼，接着父亲带着孩子给私塾老师行三跪九叩首礼。

在整个拜师礼的过程中，孩子最尊重的是他的父亲，他看到父亲都给老师行这么大的礼，以后便也不敢不听老师的话，一定会对老师恭敬。“师严然后道尊，道尊然后民知敬学”，孩子尊师的根，就在这个仪式当中深深地扎在了心里，终身受益。

所以教育是合力，要想把学生、后代教育好，父母、家人首先要配合好。在学校，如果孩子不懂事，校长要让孩子了解老师的苦心，家长来了也要让他们体恤老师的辛苦与不易。

尊师重道是中华优秀传统文化的重要思想。中国自古就有“天地君亲师”的传统伦理观念，民间也信奉“一日为师，终身为父”“师徒如父子”的信条。为师者会被视为社会贤达受到各界人士的尊重。无论是达官贵人，还是乡间草民，都有对知识的崇拜，以及对教师尊重的意识和行动。这样一种优秀的尊师文化的传统对于现代社会来说，仍然有着积极意义，因此这应该成为我们重新振兴尊师文化，在社会上厚植尊师文化的源泉。

中国历来重视家风，优秀家庭都会有良好家风，良好的家风家教是一个人走向社会后受到人们尊重，立足于社会的宝贵财富。而在家风中尊敬师长的礼仪教化正是其精髓所在。在目前的社会环境下，家风建设值得大力提倡，家长应该成为孩子良好行为的示范者，拥有良好的家风对每一个家庭成员都是非常幸运的。唯有拥有良好的家风，才能养成良好的教养。良好的教养显示了一个人的品行，这在很多时候比物质财富更能让人受益。所以家风中尊敬师长的教化是养成尊师精神的良好土壤。

《孟子·告子上》中说："恻隐之心，人皆有之；羞恶之心，人皆有之；恭敬之心，人皆有之；是非之心，人皆有之。恻隐之心，仁也；羞恶之心，义也；恭敬之心，礼也；是非之心，智也。"孟子认为人人都有恭敬之心，恭敬之心外现的种种言行就是"礼"。换言之，"礼"源于恭敬之心。

中国是世界闻名的礼仪之邦，谦恭有礼是中国传统家风建设的重要内容。《论语·颜渊》中说："君子敬而无失，与人恭而有礼，四海之内，皆兄弟也。"谦恭有礼的人会朋友遍天下，处处受到尊重。因此，传统家庭都教导子孙要谦恭有礼，尊敬祖先、尊敬父母、尊敬师长、尊敬他人、尊敬自然万物，不自大不狂傲，不越轨不逾矩。其中，尊敬师长是传统家风的重要内容。

唐太宗李世民不仅文治武功光耀千古，他对子女的教育也载入史册。唐太宗曾著有《帝范》十二篇，并于贞观二十二年（648）赐给太子李治。唐太宗在《帝范》中讲到了帝王应该注意的方方面面，既是对自己马上争天下、马下治天下的一生总结，也是对儿子的告诫和教导。可以说，《帝范》是一部融治国理政、为人处世于一体的家训。

唐太宗深知自古以来的皇子们大都养在深宫之中，长大后很少有不骄奢淫逸的。为了让皇子们受到良好的教育，他选择德高望重、学识渊博的人作为皇子们的老师，并告诫皇子们要尊敬老师，不得因为身为皇子而有违师生礼制。

唐太宗曾任命性格刚直、为人忠孝的礼部尚书王珪为四皇子李泰的老师，并特意派人告诉李泰：“以后你见到老师，就如同见到我一样，要恭敬有加，不得有所懈怠。”王珪严格按照做老师的原则来要求自己，李泰见到老师也从不以皇子自居，不仅对老师以礼相待，还主动向老师请教忠孝之道。见李泰如此谦恭有礼，唐太宗高兴地说：“我儿以后不会再有过错了。”

贞观三年（629），太子李承乾的老师李纲因患足疾，不能行走。唐太宗知道后，赐给李纲一辆车辇，命人抬他进入东宫讲学。太宗还诏令李承乾亲自恭迎老师，以显示对老师的尊敬。李承乾不负所望，向老师虚心请教，态度极为礼敬。李纲每次发表言论时都慷慨激昂，有其志不可夺的气概，李承乾的态度始终严肃恭敬。李纲病逝后，李承乾还亲自为他立碑。

古往今来，像这样尊师重道的故事在历史长河里绚烂艳丽，常开不衰。下面几则名人尊师故事，从历史中一步步走过来，经典而传神，读之令人获益颇丰。

孔子有72位有名的弟子，子贡便是其中之一。一次，鲁国大夫在人前贬低孔子，抬高子贡。子贡听了非常气愤，当即以房子打比方，他说，老师的房子围墙高十数丈，屋内富丽堂皇，不是一般人看得到的，而自己不过是只有肩高的围墙，一眼就可望尽。子贡还把老师孔子比作太阳和月亮，说孔子光彩照人，不是常人所能超越的。孔子死后，子贡悲痛万分，便在孔子墓旁住下，守墓六年，子贡尊师之典范，让世人敬仰。

宋朝有个叫杨时的人，对老师十分尊重，青少年时代，他就非常用功，虚心好学，后来满腹才华，中了进士。杨时不愿做官，继续钻研学问，访师求教。有一天，天空浓云密布，眼看一

〔清〕董邦达《程门立雪》（局部）

场大雪就要到来。杨时为了请教一个问题，午饭后，便去老师程颐家。守门的人说，程颐正在睡午觉，杨时不愿打扰老师午睡，便一声不响地立在门外等着。天空飘起了鹅毛大雪，越下越大，杨时站在门外，雪花在头上飘舞，凛冽的寒气，冻得他浑身发抖，杨时仍站在门外等着。程颐一觉醒来，这才知道杨时在门外雪地里已经等了好久，于是赶忙叫他进来。这时门外的雪，已经积有一尺多深了。杨时尊敬老师的优良品德，一直受到人们称赞，“程门立雪”的经典故事也传颂至今。

1957年8月1日，是中国人民解放军建军三十周年纪念日。这一天，彭德怀身着便服，准备去接见北京市中小学部分模范教师代表。工作人员提醒说：“彭总，您是国防部部长，应该穿军服才好。”彭德怀却说：“我今天是去见老师，学生见老师就应该穿便服。”彭德怀便服见师的经典故事，一直被传为美谈。

著名数学家华罗庚成名之后，不止一次说过：“我能取得一些成就，全靠我的老师栽培。”1949年，华罗庚从国外回来，马上赶回故乡江苏金坛县（今金坛区），看望发现他数学才能的第一个伯乐王维克老师。华罗庚在金坛作数学报告时，特地把王老师请上主席台就座，进会场时让老师走在前面，就座时只肯坐在老师的下首。

这些经典故事，就像一面面明亮的镜子，一个个醒目的航标，在我们行进的道路上熠熠闪光。

然而，再多赞美的言语，华丽的辞藻，也比不上我们用爱和行动来感恩老师。感恩老师，并不需要我们去做惊天动地的大事，它表现在日常生活中的点点滴滴：课堂上，一道坚定的目光，一个轻轻地点头，证明了你在全身心投入，你在专心致志地听讲，这便是感恩；下课后，在走廊里遇到了老师，一抹淡淡的微笑，一声甜甜的“老师好”，这也是感恩；放学了，向老师招招手，说一声“老师再见”，这依然是感恩。当然，认真地完成作业，积极地举手发言，靠自己的努力换来理想的成绩，取得更大的进步，获得更好的发展，这更是对老师辛勤工作最好的回报，也是老师最大的欣慰，最快乐的满足。

课堂上，一道坚定的目光，一个轻轻地点头，证明了你在全身心投入，你在专心致志地听讲，这便是感恩；下课后，在走廊里遇到了老师，一抹淡淡的微笑，一声甜甜的“老师好”，这也是感恩；放学了，向老师招招手，说一声“老师再见”，这依然是感恩。

孝亲敬老是中华民族的传统美德，也是

现代教育的重点，孝亲敬老最基本的要求就是要求我们在日常生活当中懂得关爱老人、孝顺父母，但在现实生活中，我们仍然能够看到很多对父母、老人不尊重的现象，比如有的孩子一言不合就对老人大吼大叫甚至动手动脚，很多类似于多孩老人无家可归这类社会新闻也是屡见不鲜，而这些行为和现象的出现，究其根源就在于孝亲敬老教育的缺失。

孩子是祖国的新一代，是家庭的未来，对孩子孝亲敬老的教育关乎家庭，关乎社会，具有十分重要的意义。

俗话说百善孝为先，孝顺父母是我们的传统美德，从古至今，孝老敬亲的故事数不胜数，每每读到，都会生出许多感悟。

包拯（999—1062），字希仁，庐州合肥（今安徽合肥市）人，父亲包仪，曾任朝散大夫，死后追赠刑部侍郎。包拯少年时便以孝而闻名，性直敦厚。在宋仁宗天圣五年，即公元1027年中了进士，当时仅28岁。其后，先任大理寺评事，又出任建昌（今江西永修）知县，因为父母年老不愿随他到他乡去，包拯便马上辞去了官职，回家照顾父母。他的孝心受到了官吏们的交口称颂。几年后，父母相继辞世，包公这才重新踏入仕途。

卧冰求鲤，出自《二十四孝》。传说晋朝时期有一个叫王祥的，小时生母早丧，继母朱氏多次在他父亲面前说他的坏话，使他失去父爱。可当继母患病，很想吃鲤鱼时，时值天寒地冻，河里结冰无法捕鱼。王祥却不计前嫌，毅然解开衣服卧在冰上，而冰忽然自行融化，水中跃出两条鲤鱼。继母食后，果然病愈。人们都说孝感天地，必得天佑。

卢存英，久病床前有孝子，孝老敬亲美名扬。卢存英是孝里街道付庄村村民，她的公公在2011年因患脑血栓卧病在床，婆婆年龄大了，丈夫外出打工补贴家用，照顾公婆的重担就落在了卢存英的身上，给公公喂药、喂饭、翻身、清洗被褥，卢存英每天重复着相同的工作从不怕苦，从不叫累，勤勤恳恳，一心一意地为家庭付出。卢存英无微不至地照顾着公公婆婆，她从来没有抱怨过，性格非常乐观，脸上总是带着笑容。卢存英有两个女儿，大女儿已经成家，卢存英孝敬老人的举动，时时刻刻感染着女儿，大女儿在婆家将公婆当成亲生父母对待，两个女儿也非常孝顺爷爷奶奶，每次回家都会先到爷爷奶奶跟前问候，还经常给老人买营养品，和爷爷奶奶一起吃饭。十几年来，卢存英为了伺候好公公婆婆，付出了常人难以想象的辛苦，她用一颗尊老、爱老的孝心照顾公公婆婆，使这个家庭充满了温情，传承着孝道。

这些故事告诉我们，孝顺父母是每个子女应该做的事情，中华民族沿袭千年，孝悌是我们的文化瑰宝，也是我们的道德准

〔明〕 仇英 《王祥卧冰求鲤》

则，孝道是每个公民要遵守的社会责任与法律义务。

《弟子规》讲：“父母呼，应勿缓。父母命，行勿懒。父母教，须敬听。父母责，须顺承。”那么在日常生活中谁真正做到了？

父母的付出远远比山高，比海深，但是并不要求任何回报。大多数人都有这样一个心愿：好好学习，努力工作，等成就一番事业后，一定给父母买好吃的，买新衣服。然而，不经意间，我们的双亲已垂垂老矣，在不知不觉走向生命的终点时，我们或许依然没有达到自己期望的那样，或许当我们觉得条件成熟可以尽孝时，“子欲养而亲不待”，父母已经没有时间享受我们的孝心了。到时候，我们除了悔恨还能做什么呢？尽孝是不能等的，须得立刻行动起来，学会孝顺父母。

二、诚以待友

《孟子·离娄》有云：“诚者，天之道也；思诚者，人之道也。”与人交往，贵在“诚”，即真诚。以诚待人，对人示之以真诚，推心置腹，从而得到衷心回报。

“真诚”出自《汉武帝内传》：“至念道臻，寂感真诚。”

其意思是真心实意、坦诚相待，以从心底感动他人而最终获得他人的信任。真诚，看似简单的两个字，却蕴涵了中华上下五千年的道德精髓。真诚也是中华民族的传统美德，是中华民族千年文化源远流长的重要见证。作为中华民族儿女的我们，真诚更是重要，我们也更应该担负起这份责任。

（一）待人唯诚，知心相交

《孟子・万章下》中有言："人之相识，贵在相知；人之相知，贵在知心。"诚以待友，交心朋友，赤诚的情谊是清纯的人生旋律，是无与伦比的生命礼赞。

春秋时伯牙擅长抚琴，音为心声，然而却从来没人能听出伯牙的弦外之音，令伯牙总有孤芳自赏的寂寥。直到伯牙游泰山抚琴时，一个名叫钟子期的樵夫却能听出伯牙起初志在泰山，而后志在流水。从此高山流水也成为朋友的代名词。由此两人结为朋友，徜徉山水之间。后来钟子期死，钟爱弹琴的伯牙十分悲伤，毅然摔琴绝弦，从此终生不再弹琴。

让一个钟爱弹琴的人放弃琴，足见心里面这个朋友有多重要。真正的友谊从来都是沉默的，它需要的不是能言善辩，而是不离不弃。哪怕整个世界都对你投来怀疑的眼光，我也会毫不犹豫地选择相信你；哪怕遭受到了世俗的众叛亲离，我也会坚定地站在你身边，毫无保留地支持你，就像亚里士多德说的那样："真正的朋友，是一个灵魂孕育在两个躯体里。"

如果说伯牙和子期的友情高入云端，那么齐国名相管仲和鲍叔牙的友谊则更生活化。两个人一起做生意，赚钱后管仲总是自己分得多，分给鲍叔牙的人。鲍叔牙却从不和管仲计较。别人认为管仲贪财不够意思，鲍叔牙却为管仲解释，是管仲家贫，非常需要钱来要养家。

管仲曾经为鲍叔牙办事，没办成不说还帮了倒忙，鲍叔牙没有埋怨他，而是认为不是管仲没本事，是没有遇到机会。管仲三次打仗都从战场上逃跑，人们都笑他贪生怕死，只有鲍叔牙知道管仲不是怕死，而是他家有年迈的母亲靠他供养，不得不那样做。齐桓公继位后请鲍叔牙出来任齐相，鲍叔牙却自愿放弃，转而举荐因射中齐桓公衣带钩而身陷牢狱的管仲，由此成就了管仲和齐桓公的霸业。管仲不禁感叹：生我者父母，知我者鲍叔牙。

美国著名作家海明威朋友众多，他交友，并不以名气为准，不少名气不大或者地道的小人物，也和他成为莫逆之交。在他的朋友中，有政治家、作家、画家、医生、教师，也有老板、经理、工人、警察、拳师、花匠、店员、司机、厨师和家庭妇女等。为什么他有这么多的朋友呢？原因就是他对任何人都真诚。

“朋友”二字，对他来说至高无上。

在家中，他不爱说话，相当严肃，可在朋友面前时，他的话相当多。只要朋友一来，他便停止自己的写作，一切都围绕朋友转。他家的客厅，他的时间，甚至连他的心永远是向他的朋友们敞开着的。远方的朋友来拜访，海明威都要约至餐馆相聚。这也是他的规律。

海明威爱画，也就爱和画家来往。虽然他参加过两次世界大战，负过伤，腿脚不便。但每次大小美展必到，还要当场掏钱买画，尤其专买还未订出的画或者少有人订的画。他愿意让每个人都不受到冷落，他愿意让每个画家都受到社会尊重，很多画家生活比较窘迫，他们常常拿些自己的作品来让海明威挑选。海明威绝不让他们扫兴而归，总是高高兴兴地留下一两幅，而且立即付稿酬。于是，一时间他家里画家们络绎不绝。正是因为这样，海明威赢得了众多人的尊敬和信赖。

奥斯特洛夫斯基曾经说过：“人的生活离不开友谊，但要获得真正的友谊并不容易，它需要用忠诚去播种，用热情去浇灌，用原则去培养。”人之相交如此，国之相交亦如此。

习近平总书记在韩国首尔大学发表演讲时说“惟以心相交，方成其久远”，强调要靠心通意合推动国家关系发展。此后，习近平又在多个场合表达相同观点。在大国崛起的道路上，中国一直以温和、礼貌、有担当、负责任的姿态昭示世人；“一带一路”上，我们诚心地邀请各国兄弟姐妹搭载中国发展的快车，我们抛出忠诚炽烈的橄榄枝，我们以心易心，不忘初心。泱泱大国谦卑处世，与邻为善，以邻为伴，弘扬互学互鉴、互利共赢的丝路精神，我们待人唯诚，知心相交！

（二）君子之交淡如水，小人之交甘若醴

《庄子·山木》中讲：“君子之交淡如水，小人之交甘若醴。”君子相交，平淡如水，不刻意讨好，不随意疏离，让人舒心踏实；小人相交，如饮烈酒，彼此折磨，难以维护，让人痛苦不堪。

很多人认为“君子之交淡如水”这句话的意思，就是指君子之交的交情没有必要太过亲密，这其实是一种误导的解释。那么“君子之交淡如水”的真正含义究竟是什么呢？我们都知道薛仁贵是唐代著名的大将军，他幼年丧父，生活贫苦。但他天生臂力惊人，加上刻苦练武，因此他武功超群。长大后的薛仁贵娶了妻子，粮食也只能勉强够吃，就搬到了窑洞里住。

薛仁贵有位同乡叫王茂生，打小他们就是好朋友，所以当王茂生看到薛仁贵挨饿受冻时，往往会将自家的粮食拿给薛仁贵。

后来薛仁贵当上了将军，前来府上祝贺的人络绎不绝，但唯有王茂生托人送来的两坛美酒得到了薛仁贵的重视。薛仁贵让下人打开美酒却发现只是两坛清水，这时下人都很惊慌，可薛仁贵却一连饮下了三大碗。就当众人不解时，薛仁贵说道："过去落魄时全靠茂生兄弟的帮助，现在我厚礼不收，却偏偏要收下王兄送来的这两坛清水，因为我知道王兄也不富足，送清水也是一番美意，这就叫君子之交淡如水。"众人闻言纷纷赞叹薛仁贵与王茂生之间的友谊，而"君子之交淡如水"的佳话也流传了下来！所谓"君子之交淡如水"的真正含义就是指君子之间的交情平淡如水，不为名利、不尚虚华，不因对方发达时攀附，亦不会因对方潦倒时嫌弃。很多人在富贵时会发现身边的朋友很多，可一旦到了困境时就会发现自己的人缘并不是想象中的那么好。

君子之间的交情平淡如水，不为名利、不尚虚华，不因对方发达时攀附，亦不会因对方潦倒时嫌弃。

而"小人之交甘如醴"，就是指小人之

间的交往多因利益驱使，利益过后那些所谓友谊也烟消云散。

君子之交和小人之交的区别是“同道”，还是“同利”。同道的君子之交则以互相砥砺道义、切磋方向、规劝过失为目的，所建立的友情是在互相理解、思想一致的基础上的。故虽平淡如水，但能风雨同舟，生死不渝。小人之交则以互相利用为目的，是建立在私利的基础上的。“以势交者，势倾则绝；以利交者，利寡则散。”这种为权势和利益而结交的朋友，只能是暂时的朋友，或者是为了达到某种目的的假朋友，根本不会交往一生。

北宋时期，范仲淹与王质是好友。王质十分仰慕范仲淹，经常请教他诗文，范仲淹也很愿意与他交流。后来，范仲淹因为改革失败被贬出京，朝廷大肆清算范仲淹同党，官员们都唯恐避之不及。当时生了重病的王质，依然拖着病躯，冒着诛九族的大罪将范仲淹送出了城。范仲淹真诚待人，这才有了落魄时王质的千里相送；王质真心相待，二人故事传为美谈，无人不赞王质的人品。

同样地，鲁迅与瞿秋白的故事也令人感动。仅仅凭借当初翻译进步文学作品时的书信往来，便让之前未曾谋面的两人在反对国民党反革命文化围剿中，肝胆相照，引为同志。他们在腥风血雨中同舟共济。面对国民党的悬赏追捕，同样处于危难中的鲁迅四次收留瞿秋白在家中避难；而在形形色色的反动文人侮蔑和诋毁鲁迅杂文的战斗意义时，是瞿秋白站出来为鲁迅编杂感选集，并为其作序。尽管瞿秋白对鲁迅的人品、作品都已相当熟悉，但为了写好这篇序言，他又重新阅读研究了鲁迅几乎全部的作品。在倾注了无数的心血之后，在对鲁迅的作品和思想作了再次深刻的理解和分析之后，写成了17000字的《鲁迅杂感选集》序言，全面、准确地评价鲁迅和他的杂文。鲁迅读了这篇序言后，感到十分欣慰和感激，他说："分析的是对的，以前就没有人这样批评过。"

欧阳修在《朋党论》中说，小人以利为朋，君子与义为朋。利总有尽时，势总有颓时。以外物换来的友谊脆弱不堪，只有以诚待人，才能换来真正不离不弃的真感情。

（三）关山万里难阻你我志同道合

《说文解字》讲"同志为友"，志同道合者才称得上"友"，共同的理想和人生目标是建立友谊的基础。所以说，只有像曾子所说的那样，"君子以文会友，以友辅仁"，才能昂然并进、携手前行。

西晋末年，朝政黑暗天下将乱，祖逖和刘琨意气相投成为无话不谈的好友，关系好到同被而眠。一次睡到半夜，祖逖听到鸡叫，在古人看来半夜鸡叫这种反常的事情肯定是不吉利的，但是祖逖却一脚踹醒呼呼大睡的刘琨，说这未必是坏事，反而是提醒我们要抓紧时间学好武艺，于是两人自此更加奋发努力。两人每次谈论天下大事，都睡意全无半夜就起床，互相勉励为国家出力，干出一番事业。

之后“八王之乱”爆发，接着是“永嘉之乱”，西晋灭亡，中原沦陷，神州陆沉，祖逖流落南方后发起北伐收复失地。刘琨则在并州（今山西）强敌环伺的情况下安抚流民，发展生产，加强防御，保住了晋朝在北方最后一块土地。

两人一南一北，却都在为拯救天下努力，虽然大势难逆，两人最后都以失败告终，但两人互勉的友谊和奋斗的精神却值得学习。

恩格斯是马克思在思想上和事业上志同道合的战友。青年的马克思就有着改造社会的强烈愿望并付诸行动，因而他受到反动政府的迫害，长期流亡在外。1844年，马克思在巴黎认识了恩格斯，共同的信仰使彼此把对方看得比自己都重要，马克思长期流亡，生活很苦，常常靠典当度日，有时竟然连买邮票的钱都没有，但他仍然顽强地进行他的研究工作和革命活动。恩格斯为了维持马克思的生活，他宁愿经营自己十分厌恶的商业，把挣来的钱源源不断地寄给马克思。他不但在生活上帮助马克思，在事业上，他们更是互相关怀，互相帮助，亲密地合作。他们同住伦敦时，每天下午，恩格斯总到马克思家里去，一连几个钟头，讨论各种问题；分开后，几乎每天通信，彼此交换对政治事件的意见和研究工作的成果。他们之间的关怀还表现在时时刻刻设法给予对方以帮助，都为对方在事业上的成就感到骄傲。马克思答应给一家英文报纸写通讯稿时，还没有精通英文，恩格斯就帮他翻译，必要时甚至代他写。恩格斯从事著述的时候，马克思也往往放下自己的工作，编写其中的某些部分。马克思和恩格斯合作了40年，建立起了伟大的友谊，共同创造了伟大的马克思主义。

（四）愿与知己共赴难

黄霸是我国西汉时期的大臣。夏侯胜是我国西汉时期著名经师，《今文尚书》学的开创人。公元前72年，汉宣帝提议为汉武帝创庙乐来颂扬他的功德。让大臣们展开“讨论”。

结论只有一个：应该依照皇帝的命令办事。因为群臣里，奉迎巴结的有，胆小怕事的有，不负责任的有。都人云亦云，随声附和。有歧义吗？有。

唯独夏侯胜说：“汉武帝虽然有扩大疆土的功劳，却为此阵亡很多将士，耗尽了国家的人力物力。疆土稳定，他又封禅、祀神、求仙，挥霍无度，使得徭役繁重，百姓流离失所。他对人民没有什么恩惠，不应该为他创庙乐。”

大臣们听了夏侯胜的话，都非常害怕，为避免自己受到牵连，联名上书举报，说：“夏侯胜对皇上旨令妄加评论，对先帝肆意诋毁，实属大逆不道，应予治罪！”

夏侯胜闻之，毫无惧色，正言道：“直言不讳，君子之行，随声附和，小人作为。我即言明，死而无憾！”

群臣愕然。丞相长史黄霸挺身而出。黄霸尽管平时与夏侯胜很少往来，但今天听了夏侯胜的诤诤之言，看到他凛然正气，十分敬佩，立时将他视为知己。便上前和夏侯胜站在一起，拉着他的手说：“先生也道出了我的心思，我愿与知己者共同赴死！”顿时，相知恨晚。

创庙乐的事定下来了，而夏侯胜却因犯诋毁罪被抓进了监牢，黄霸也因犯纵容罪入了狱。在狱中，他们谈国事，肝胆相照；议家事，情投意合。黄霸想向夏侯胜学《尚书》，夏侯胜认为早晚要赴死，拒绝了他。

黄霸说：“早晨知道了真理，晚上死也永没有遗憾了。”夏侯胜非常钦佩他的观点，便答应了他的请求。寒来暑往，两个春秋过去了。他们对《尚书》的研究，也越来越深入。

后来他们双双出了狱。大家都非常敬佩他们那种“交友贵相知”的精神。

荆轲与高渐离的故事更是可歌可泣，他们相逢于闹市，临别于易水，死于刺秦。荆轲仗剑走天涯，游历四方。高渐离击筑声名远扬，潇洒快活。高渐离与荆轲的关系很好，荆轲刺秦王临行时，高渐离与太子丹送之于易水河畔，高渐离击筑。荆轲和而高歌：“风萧萧兮易水寒，壮士一去兮不复还。”

荆轲因刺杀秦始皇失败，惹怒了秦始皇。秦始皇派遣秦军消灭了燕国，杀害了太子丹，秦王为了斩草除根，在全国通缉抓捕太子丹和荆轲的同党。高渐离担心自己身份暴露，便更名改姓在宋子城一个酒馆里当酒保。

后秦灭六国后，秦王因为高渐离击筑太好了，就请他来王宫为他击筑。可是高渐离是荆轲的好友，秦王也就有所防备，事先命人将高渐离的眼睛弄瞎，以为这样高渐离就没法刺杀他了。但高渐离往筑里灌铅，趁秦王听曲正入迷时，向秦王的头部猛砸，想杀死他，但失败被杀。

为朋友敢于冒险，甘愿做出很大的牺牲。不求功名利禄，不求金银财宝，只因为对方是自己的知己，便可为对方舍掉生命，肝脑涂地。

我们每一个人都不可能孤立地生活在这个世上，每一个人在一生中都会交到很多的朋友。那么，我们应该用什么样的态度对待朋友呢？其实，最重要的一点就是“真诚”。《庄子》有云：“真者，精诚之至也，不精不诚，不能动人。”与人相处，唯有真心以对。不与人玩心眼，不去欺骗别人，不去设陷阱陷害，也不满腹抱怨。真心实意，坦诚待人，学会帮助理解别人。久而久之，真心自然也会换来真心，人心相知，心之所向。[1]

三、宽以待人

宽以待人，汉语成语，意思是以宽宏大度的态度来对待别人。出自罗贯中《三国演义》第六十回：“某素知刘备宽以待人，柔能克刚，英雄莫敌。”刘备为人谦和、礼贤下士、宽以待人。在东汉末年的军阀混战中，刘备集团的力量相对较弱，但由于刘备为人谦恭、仁义有加，一大批至死不渝的忠志之士围绕在他身边，为他建立蜀国立下了汗马功劳。

宽以待人不仅能受到他人赞誉，同时也是为自己减负。有

[1]张颐武编著：《中华家风丛书：友善》，中华工商联合出版社，2015年。

一次，老师问小朋友：“你们有讨厌的人吗？”小朋友们有的不吱声，有的点点头。接着，老师发给班级每个孩子一个纸袋，告诉他们：“今天，我们来玩一个游戏，请你们把你所讨厌的人的名字写在一个纸条上，也可以用符号代替。每天放学之后，请大家到路边找一些石头，回去把这些写着名字的纸条贴到石头上。把你非常讨厌的人的名字，贴在大一点的石头上；一般讨厌的，贴在小一点的石头上。每天，你都把‘讨厌的人’放进这个袋子里，带到学校里来。”小朋友们听了，感到很有趣，放学后，他们都抢着到处去找石头。第二天一早，孩子们都带着装了石头的袋子来到学校，你一言我一语地相互讨论……

时间一天天地过去了，第三天、第四天、第五天……有些小朋友袋子里的石头越装越多，他们自己几乎都快提不动了。“老师，拎着这些石头来学校好累啊！我都快累死了！”小朋友们开始有一些抱怨。老师笑了笑，对孩子们说：“那就放下这些石头吧，以后也不要往里面放石头了！”小朋友们都很诧异，为什么不搜集了呢？“孩子们，讨厌一个人，就等于在你的心头加了一块石头。你讨厌的人越多，你也就越累。我们每个人都应该学会宽恕别人，不要把小事儿记在心上……”相信多年以后，这些孩子都能记得那个故事，都能记得应该怎样对待别人。

相信孩子曾对你说过自己不喜欢谁之类的话，对此你是怎样对孩子说的？

宽容是一帖健康的良药，宽容是一种美德。告诉孩子，每个人都有可能犯错误，只有大方地看待别人的错误，才能原谅别人。如果一直保持生气的状态，对自己的心理也是个负担。

在家庭教育中，父母要言传身教，培养孩子能容人、会容事、可容言的优良品德。

（一）能容人，才能得人心

所谓容人，简单地说就是：常人、能人、有功过之人，均应一视同仁，以诚相待。无论是常人、能人，还是有功之人，容人才能得人心，容人者方能为他人所容。

明代著名思想家薛瑄曾说："唯宽可以容人，唯厚可以载物。"能容人者，无论是春风得意，还是虎落平阳，身边总不乏支持他的人。要知道，人海茫茫，有谦谦君子，亦不乏奸佞小人。容人者，总能看见他人的难处，体谅世事的艰辛。对于那些伤害过自己的人，还能一笑而过，这是极高的修养。

列夫·托尔斯泰曾说："我们对别人的判断往往是不正确的，因为任何人都无法明白别人生命中已经发生的事以及即将发生的事。我们最容易犯的过错就是轻率断定别人为好人还是坏人、愚者还是贤者。人是像河川一样在不断流动，不断变化的，人并非每天都以同样的面貌存在，人是有各种可能性的：傻瓜可能变聪明，邪恶的人可能变成善良的人，反之亦然。这就是人的伟大之处。因此我们如何去判断的时候，他已经变成另外一个人了。我相信自己的本性是善，不是恶，而其他所有的人也是如此相信他们自己的。因此，即使我们难以了解别人心中所想的事，我们也应该对别人常怀善念。”

三国时期的蜀国，在诸葛亮去世后任用蒋琬主持朝政。他的属下有个叫杨戏的，性格孤僻，讷于言语。蒋琬与他说话，他也是只应不答。有人看不惯，在蒋琬面前嘀咕说：“杨戏这人对您如此怠慢，太不像话了！”蒋琬坦然一笑，说：“人嘛，都有各自的脾气秉性。让杨戏当面说赞扬我的话，那可不是他的本性；让他当着众人的面说我的不是，他会觉得我下不来台。所以，他只好不作声了。其实，这正是他为人的可贵之处。”后来，有人赞蒋琬“宰相肚里能撑船”。

公元前279年，赵国的蔺相如完璧归赵，立了大功，拜为上卿，位在大将军廉颇之上。廉颇自恃功高，很不服气，扬言要羞辱他。蔺相如听到廉颇的话，常常称病不上朝，不跟廉颇争位。有时蔺相如坐车外出，碰见廉颇就赶紧避开。门客以为他胆小怕事。蔺相如说："秦王那么厉害，我都不怕，难道还怕廉颇？我所考虑的是，强大的秦国之所以不入侵赵国，只是因为有我们两人在。如今二虎相斗，必有一伤，势必削弱抵御外敌的力量。我之所以躲避廉将军，是先国家之急而后私仇啊！"这话传到廉颇耳中，廉颇很觉惭愧，便袒衣露体，负荆登门请罪。说："我粗野低贱，志量浅狭，开罪于相国，相国能如此宽容，我死不足以赎罪。"于是将相重归于好，成了生死之交。

能容人者，因其可纳百川，民心皆为之叹服。而睚眦必报者，会因私德有亏，众人自与之远离。有道是，大千世界，各有芳华。不论布衣百姓，还是身居高位，每个人的能力都是有限的。看得见别人，容得下别人，向能人请教，为弱者铺路，方能使脚下的路越走越宽。

能容人者，因其可纳百川，民心皆为之叹服。而睚眦必报者，会因私德有亏，众人自与之远离。有道是，大千世界，各有芳华。不论布衣百姓，还是身居高位，每个人的能力都是有限的。看得见别人，容得下别人，向能人请教，为弱者铺路，方能使脚下的路越走越宽。

真正的强者，都是大音希声，大象无形。他们不会躺在过去的成就里指摘他人，更不会为了一己私欲而诋毁贬斥别人。

（二）能容事，才能干成事

所谓容事，就是指能妥善处理好生活中遇到的各种事情。生活不如意十之八九，凡事不必苛求完美，也不要苛求他人事事完美。

俗话说：量大方成事，树大能遮阴。确实如此。成大事者，必是善于接受和包容，能在挫折中拼搏，在苦难中成长。人生海海，山高水长。只有经得起风雨的洗礼，才能拥有坚硬的铠甲，在人生路上披荆斩棘；那些遇事一蹶不振的人，只会越陷越深，最终迷失在无尽的哀怨和愤懑中。

西汉史学家司马迁，在其父司马谈逝世后，继任太史令之职，并遵从父亲遗愿，立志编撰出一部“前无古人，后无来者”的史书。然而，世事难料。将领李陵出征匈奴，遭遇埋伏后，寡不敌众，战败投降。消息传回朝廷后，满朝文武都在弹劾李陵的所作所为。唯独司马迁站出来，向汉武帝进言，称李陵品德忠良，骁勇善战，属精忠报国之将，此次投降定是权宜之计，他日定会择机回到中原。不久，李陵投降匈奴之事被将领公孙敖“坐实”，汉武帝盛怒之下，灭了李陵三族，司马迁也被牵连入狱，遭受残酷的“腐刑”。受此大辱的司马迁，并没有一蹶不振，他深知责任重大，更加奋发图强，将全部精力都投入到史书的创作当中。最终历时14年，呕心沥血完成史学著作《史记》。

《史记》，开创了我国纪传体通史的先河，因其史料丰富而翔实，被列为“二十四史”之首。鲁迅曾评价《史记》为“史家之绝唱，无韵之离骚”。

曾经沧海，桑田依旧，除却巫山，云淡风轻。

有道是，曾经沧海，桑田依旧，除却巫山，云淡风轻。大多数人的一生，都布满了坎坷，倘若任其深陷泥潭而无法自拔，纠结于过往的恩怨情仇、荣辱得失，只会看不清前路的方向，最终蹉跎了自己。

那些令人艳羡的成功者，只不过比他人多了一份豁达，少了一份执念，多了一份从容，少了一份慌乱。

（三）能容言，才能行得稳

所谓容言，通俗地说，就是好话、坏话、刺耳话，啥话都能听得进。虚心听取意见和建议，既是风度大气，也是胸怀坦荡。

既听得进甜言蜜语，也容得下直言不讳，“兼听则明，偏信则暗”。

曾经看过一则佛教小故事：寒山与拾得是佛教史上两位著名的诗僧。一天，寒山问曰：“世间有人谤我、欺我、辱我、笑我、轻我、贱我、骗我，该如何处置乎？”

拾得答曰：“只需忍他、让他、由他、避他、耐他、敬他、不要理他，再待几年，你且看他。”

深以为然。心胸宽广的人，必是良善之人，不会因为口舌之争，而锱铢必较。他们往往怀揣一颗慈悲的心，照拂众生。

王安石变法时期，身为旧党中坚力量的苏轼，备受排挤，后因“乌台诗案”，被投入大狱。在狱中关押了四个多月后，苏轼谪居黄州，担任团练副使，一个并无实权、受人监督的小官。从文坛领袖、当朝太守，到人微言轻、无人问津，苏轼陷入了人生低谷。尽管如此，他仍然保持大家风范，没有因为命运的不公而迁怒他人。一日傍晚，苏轼与友人一起踱步回家，一个醉汉迎面走来。擦身而过时，醉汉失去平衡，令苏轼躲闪不及，跌倒在地。醉汉见状，非但不赔礼道歉，反倒恶人先告状，骂苏轼走路不长眼。年近50的苏轼，倒地之后，久久才缓过神来。友人愤愤不平，欲替他争辩，却被苏轼拦下。他看向身旁不依不饶的醉汉，笑着说："这里的人不认识我，实在有趣，我可以开辟一番新天地了。"

习仲勋同志是杰出的无产阶级革命家，我党、我军卓越的政治工作领导。他对待同志，对待干部，总能够忠实地实践党的干部政策，深入群众，关心下属，虚怀若谷，知人善任，既有识人之才，又有容人之量，因而受到党员干部的拥戴和热爱。

一次广东省惠州检察分院干部麦子灿给时任省委第二书记习仲勋写了一封措辞非常尖锐的批评信。信中说，习仲勋对惠州地区两个治水工程——澳河和潼河整治效果的评价过高，不符合事实。信中还说他处理群众信访工作不及时，搞"假把式"。"我看你讲的重视群众来信来访也是漂亮话，是句空话！因为你只讲，没检查督促。"在这封 1500 字批评信的结尾，还不忘"激将"一下习仲勋书记："你讲话中不是常说爱听刺耳话，说什么'良药苦口利于病'吗？现在给你提两个刺耳的意见，看你是否'叶公好龙'？"

麦子灿同志恐怕也没有想到，他的信竟然很顺利寄到了习仲勋书记手中。习仲勋给麦子灿回了信，诚恳接受他的意见。接着，习仲勋在省革委会自曝来信，并给全省县以上党委和省直局以上负责人写了一封公开信，将来信和他的回信一并转发，"请在党委中进行讨论”，借此改变工作作风。习仲勋同志说：“下面干部敢讲话，这是一种好风气，应当受到支持和鼓励。不要怕听刺耳的话，写信的同志相信我不会打击报复他，这是对我们的信任。”“麦子灿同志对我的批评，是对我们党内至今还严重存在的不实事求是、脱离群众等坏作风的有力针砭，应该使我们出一身冷汗，清醒过来……”

习仲勋同志面对下属的尖锐批评，虚心接受意见，认真剖析情况，深刻反思问题，切实纠正，彰显了他“闻过则喜，知过不讳，改过不惮”的容言雅量和高尚人格品行。[1]

《道德经》上说：“信言不美，美言不信；善者不辩，辩者不善。”不辩，即是容忍，是为人立世的修养与德行。

西汉文学家刘向曾说：“山锐则不高，水狭则不深。”山太陡峭，自不会太高，水面狭窄，亦不会太深。珠峰之所以为世界屋脊，是因为山麓广袤。大海之所以深邃万里，是因为烟波浩渺。人的胸怀，自当如珠峰，如大海，吞得下山河，才能山高水阔。

能容人，出则受人敬仰，入则高朋满座；

[1]张凤、李秀铎：《容人之量：习仲勋宽以待人二三事》，《兰台世界》，2013年第10期，67—68页。

能容事，退则海阔天空，进则平步青云；

能容言，守则修身养性，攻则如火如荼。

愿我们都能成为胸怀博大的人，使人生之路周道如砥，郁郁芬芳。

后记

《家风：离不开的心灵雨露》这部20多万字的书稿，我先后读过5次，也召集作者讨论过3次。现在经过出版社编辑周家琛和其他人员的精心设计校排，即将出版。欣慰之时，我最想说的是，这本书的写作出版是集体的智慧与通力合作的结晶。首先是来自湖南嘉宇投资控股有限公司举办的《家风大课堂》的启示和给予的鼎力支持。其次是作者们认真执着的写作态度和刻苦精神。我起初拟出的写作提纲，是在大家的反复讨论中，帮助完善和提高的。虽然至今仍有不少遗憾，但大家的付出令我感动。

这是一本与心灵对话的书，需要作者的真诚睿智。这是一本每个家庭不可离开或缺的书，需要思想、感情表达的纯洁与内容的精粹和丰富。

这本书中的文字，凝结的晶莹雨露，其实是中华优秀传统文化和现代先进文化丰盈的甘霖挥洒，滴入作者心中的丝丝雨露，滋润绽放的思想智慧花朵。尽管这些小花稚嫩，也许不绚丽，但它们却蕴含着作者的美好愿望和深情期待。这些作者分别是：唐学雷（第一编作者），罗武战（第二编第一节、第三节作者），谭奕星（第二编第二节作者），罗柱（第三编作者）。

高尔基说过：“生活的意义寓于美和追求生活目标的力量，而且应当使生活的每一时辰都有崇高的目的。”为了塑造美的幸福家庭，实现美的人生目标，让我们生活的每一个时辰都充满激情和想往！

亲爱的读者，愿你传承好家风！

家风如雨露，晶莹而润泽；

与心灵对话，与童年携手；

与青春相伴，与生命同行。

谭仲池

2023年9月15日于湘江西岸淡泊书斋